U0155988

"十四五"国家重点出版物出版规划项目

中国生态博物丛书

CHINESE ECOLOGY SERIES

管开云 总主编

East China Sea

东海卷

李新正 隋吉星 主 编

北京出版集团
北京出版社

何　俊（中国科学院武汉植物园）

何兴元（中国科学院沈阳应用生态研究所）

李清霞（北京出版集团有限责任公司）

李文军（中国科学院新疆生态与地理研究所）

李新正（中国科学院海洋研究所）

连喜平（中国科学院南海海洋研究所）

刘贵华（中国科学院武汉植物园）

刘　可（北京出版集团有限责任公司）

刘　演（广西壮族自治区·中国科学院广西植物研究所）

牛　洋（中国科学院昆明植物研究所）

上官法智（云南一木生态文化传播有限公司）

隋吉星（中国科学院海洋研究所）

谭烨辉（中国科学院南海海洋研究所）

王喜勇（中国科学院新疆生态与地理研究所）

王英伟（中国科学院植物研究所）

吴金清（中国科学院武汉植物园）

吴玉虎（中国科学院西北高原生物研究所）

邢小宇（秦岭国家植物园）

许智宏（联合国教科文组织人与生物圈计划中国国家委员会）

杨　梅（中国科学院昆明植物研究所）

杨　扬（中国科学院昆明植物研究所）

张先锋（中国科学院水生生物研究所）

周岐海（广西师范大学）

周义峰（江苏省·中国科学院植物研究所）

朱建国（中国科学院昆明动物研究所）

朱　琳（秦岭国家植物园）

朱仁斌（中国科学院西双版纳热带植物园）

中国生态博物丛书　东海卷

主　编

李新正（中国科学院海洋研究所）

隋吉星（中国科学院海洋研究所）

编　委
（按姓氏音序排列）

陈琳琳（中国科学院烟台海岸带研究所）

董　栋（中国科学院海洋研究所）

甘志彬（中国科学院海洋研究所）

龚　琳（中国科学院海洋研究所）

韩庆喜（宁波大学）

寇　琦（中国科学院海洋研究所）

李宝泉（中国科学院烟台海岸带研究所）

李新正（中国科学院海洋研究所）

马　林（中国科学院海洋研究所）

隋吉星（中国科学院海洋研究所）

孙忠民（中国科学院海洋研究所）

王晓晨（浃浃工作室）

杨　梅（中国科学院海洋研究所）

周　进（中国水产科学研究院东海水产研究所）

摄 影

（按姓氏音序排列）

蔡立哲　董 栋　付 婧　甘志彬　龚 琳　韩庆喜

寇 琦　李宝泉　李新正　刘文亮　马 林　孟祥磊

隋吉星　孙忠民　唐峰华　王 斐　王金宝　王少青

王晓晨　徐 勇　许 飞　杨 梅　俞锦辰　张寒野

张 衡　周 进

主编简介

管开云，理学博士、研究员、博士生导师，花卉资源学家、保护生物学专家、国际知名的秋海棠和茶花研究专家。现任中国科学院新疆生态与地理研究所伊犁植物园主任、新疆自然博物馆馆长、国际茶花协会主席、中国环境保护协会生物多样性委员会副理事长、中国植物学会植物园分会副理事长、全国首席科学传播专家等职。主要从事植物分类学、植物引种驯化和保护生物学研究。发表植物新种14个，注册植物新品种30个，获国家发明专利10项，发表论文200余篇，出版论（译）著24部。获全国环境科技先进工作者、全国环保科普创新奖和全国科普先进工作者等荣誉和表彰，享受国务院特殊津贴。

李新正，中国科学院海洋研究所二级研究员、博士生导师，中国科学院大学岗位教授。长期从事海洋生物学、海洋生态学、无脊椎动物分类系统学、甲壳动物学研究。兼职国际海洋生物普查计划（CoML）科学计划委员会委员、国际甲壳动物学会执行理事、中国动物学会常务理事兼甲壳动物学分会理事长、中国海洋湖沼学会理事兼底栖生物学分会副理事长、《中国动物志》编委等。发表学术专著8部，译著2部，科普专著7部；学术论文500余篇；授权发明专利4项。主持并完成国家、省、市级项目数十项。是第一位乘坐"蛟龙"号载人深潜器探险深海的大陆海洋生物学科技工作者。

隋吉星，中国科学院海洋研究所副研究员、理学博士。研究方向为海洋生物学，主要从事海洋生物多样性、环节动物多毛类的分类学与系统演化、动物地理学和海洋大型底栖生物生态学研究。在国际主流期刊发表科研论文30余篇（第一作者15篇），参与撰写和翻译著作3部，主持和完成国家自然科学基金2项、中国大洋矿产资源研究开发协会课题1项，参与科技部基础性工作专项、自然资源部海洋公益性项目以及中国科学院先导专项等项目。

党的十八大以来，以习近平生态文明思想为根本遵循和行动指南，我国生态文明建设从认识到实践已发生了历史性的转折和全局性的变化，全党全国推动绿色发展的自觉性和主动性显著增强，美丽中国建设迈出重大步伐。

"中国生态博物丛书"就是在这个大背景下着手策划的，本套书通过千万余字、数万张精美图片生动展示了在辽阔的中国境内的各种生态环境和丰富的野生动植物资源，全景展现了党的十八大以来，中国生态环境保护取得的伟大成就，绘就了一幅美丽中国"绿水青山"的壮阔画卷！

习近平主席在2020年9月30日联合国生物多样性峰会上的讲话中说："我们要站在对人类文明负责的高度，尊重自然、顺应自然、保护自然，探索人与自然和谐共生之路，促进经济发展与生态保护协调统一，共建繁荣、清洁、美丽的世界。"又说："中国坚持山水林田湖草生命共同体，协同推进生物多样性治理。"[1]这些论述深刻阐释了推进生态文明建设的重大意义，生态文明建设是经济持续健康发展的关键保障，是民意所在、民心所向。

组成地球生物圈的所有生物（动物、植物、微生物）与其环境（土壤、水、气候等）组合在一起，形成彼此相互依存、相互制约，且通过能量循环和物质交换构成的一个完整的物质能量运动系统，这便是我们一切生物赖以生存的生态系统。人类生存的地球是一个以各种生态类型组成的绚丽多姿、生机勃勃的生物世界。从赤日炎炎的热带雨林到冰封万里的极地苔原，从延绵起伏的群山峻岭、高山峡谷到茫茫无际的江河湖海，到处都有绿色植物和藏匿于其中的动物的踪迹，还有大量的真

---

[1] 《习近平在联合国生物多样性峰会上的讲话》，新华网，2020年9月30日。

菌和细菌等微生物。生存在各类生态环境中的绿色植物、动物和大量的微生物，为地球上的生命提供了充足的氧气和食物，从而使得人类社会能持续发展到今天，创造出高度的文明和科学技术。但是，自工业革命以来，随着全球人口的迅速增长和生产力的发展，人类过度地开发利用天然资源，导致森林面积不断减少，大气、土壤、江湖和海洋污染日趋严重，生态环境加速恶化，生物多样性在各个层次上均在不断减少，自然生态平衡受到了猛烈的冲击和破坏。因此，保护生态环境、保护生物多样性也就是保护我们人类赖以生存的家园。

生态环境保护就是研究和防止由于人类生活、生产建设活动使自然环境恶化，进而寻求控制、治理和消除各类因素对环境的污染和破坏，并努力改善环境、美化环境、保护环境，使它更好地适应人类生活和工作需要。换句话说，生态环境保护就是运用生态学和环境科学的理论和方法，在更好地合理利用自然资源的同时，深入认识环境破坏的根源及危害，有计划地保护环境，预防环境质量恶化，控制环境污染，促进人与自然的协调发展，提高人类生活质量，保护人类健康，造福子孙后代。

我国位于地球上最辽阔的欧亚大陆的东部，幅员辽阔，东自太平洋西岸，西北深处欧亚大陆的腹地，西南与欧亚次大陆接壤。由于我国地域广阔，有多样的气候类型和各种的地貌类型，南北跨热带、亚热带、暖温带、温带和寒温带，自然条件多样复杂，所形成的生态系统类型异常丰富。从森林、草原到荒漠，以及从热带雨林到寒温带针叶林，应有尽有，加上西南部又拥有地球上最高的青藏高原的隆起，形成了世界上独一无二的大面积高寒植被。此外，我国还有辽阔的海洋和各种海洋生物所组成的海洋生态系统。可以讲，除典型的赤道热带雨林外，地球上大多数植被类型均可在中国的国土上找到，这是其他国家所不能比拟的。所有这些，都为各种生物种类的形成和繁衍提供了各类生境，使中国成为全球生态类型和生物多样性最为丰富的国家之一。

然而，在以往出版的图书中，尚未见到一套全面系统地介绍中国各种生态类型的生态环境，以及相应环境中各类生物物种的大型综合性图书。

"中国生态博物丛书"以中国生态系统为主线，围绕中国主要植被类型，结合各种生态景观对我国主要植被生态类型，以及构成这些生态系统的植物（包括藻类）、动物和微生物进行全面系统的介绍。在对某个物种进行介绍时，对所介绍的物种在该地理区域的生态位、生态功能、物种之间的相互依存和竞争关系、生态价值和经济价值进行科学、较全面和生动的介绍。读者可以通过本丛书，学习和了解中国主要植被类型、生态景观和生物物种多样性等方面的相关知识。本套丛书共分21卷，由国内30多家科研单位和大学数百位科学工作者共同编著完成。本书的编写出版填补了中国图书，特别是高级科普图书在这一领域的空白。

本套丛书图文并茂、科学内容准确、语言生动有趣、图片精美少见，是各级党政领导干部、公务员，从事生态学、植物学、动物学、保护生物学和园艺学等专业的科技工作者，大、中学校教师和学生及普通民众难得的一套好书。在此，谨对该丛书的出版表示祝贺，也对参与该丛书编写的科研机构的科学工作者和高校老师表示感谢。我相信，该丛书的出版将有助于提高中国公民的科学素养和环保意识，也有助于提升各级领导干部在相关领域的科学决策能力，为中国生态文明和美丽中国建设做出贡献，也为中国生态环境研究和保护提供各种有价值的信息，以及难得的精神食粮。

人不负青山，青山定不负人。生态文明建设是关系中华民族永续发展的千年大计，要像保护眼睛一样保护自然和生态环境，为建设人与自然和谐共生的现代化注入源源不竭的动力。期待本套丛书能为建成"青山常在、绿水长流、空气常新"的"美丽中国"贡献一份力量！

许智宏
中国科学院院士
北京大学生命科学学院教授
北京大学原校长
中国科学院原副院长
联合国教科文组织人与生物圈计划中国国家委员会主席

2020年11月

前 言

东海是中国三大边缘海之一。北起中国长江口北岸到韩国济州岛一线，同黄海分界；南以广东省南澳岛到台湾省本岛南端（一说经澎湖到台湾东石港）一线同南海为界，东至琉球群岛。流入东海的江河，长度超过百千米的有40多条，其中长江、钱塘江、瓯江、闽江等四大水系是注入东海的主要河流。东海的平均盐度在34‰以上，由于常年有大量淡水注入，东海形成了巨大的低盐水系。东海位于亚热带，年平均水温20~24 ℃，年温差7~9 ℃。东海大陆架海底平坦，水质优良，多种水团交汇，又有多条河流注入，带来了丰富的营养盐，为各种鱼类提供了良好的繁殖、索饵和越冬条件，从而成为中国近海重要的渔场，盛产大黄鱼、小黄鱼、带鱼、墨鱼等。舟山群岛附近的渔场被称为中国海洋鱼类的宝库。 作为"中国生态博物丛书"的一卷，本卷通过图片和简要的文字介绍，全面系统地展示了东海不同生态系统的生态环境类型和常见物种。

本书由来自中国科学院海洋研究所、中国科学院烟台海岸带研究所、中国水产科学研究院东海水产研究所、宁波大学等多个机构的多位学者共同完成。全书由中国科学院海洋研究所李新正研究员、隋吉星副研究员统稿；概述部分由中国水产科学研究院东海水产研究所周进研究员和宁波大学韩庆喜副教授共同完成；藻类部分由中国科学院海洋研究所孙忠民副研究员完成；刺胞动物、多孔动物和棘皮动物由中国科学院海洋研究所龚琳副研究员完成；环节动物主要由中国科学院海洋研究所隋吉星副研究员完成；软体动物主要由中国科学院烟台海岸带研究所李宝泉研究员完成；节肢动物主要由中国科学院海洋研究所董栋副研究员、马林副研究员、寇琦副研究员、甘志彬副研究员共同完成；腕足动物、半索动物由中国科学院海洋研究所杨梅博士完成；脊索动物由中国水产科学研究院东海水产研究所周进研究员、宁波大学韩庆喜副教授共同完成。本卷中图片来源于长期工作在科研一线的多位科研人员多年工作中的拍摄积累，泱泱工作室的王晓晨女士对本卷图片进行了加工处理。在野外考察和资料整理过程中，得到中国科学院战略性先导科技专项子课题"近海潜在致灾生物暴发风险与灾害防控"（XDA23050304），国家自然科学基金面上项目"中国海蜇龙介亚目分类学与系统发育研究"（31872194）等项目的资助。对于参编人员和图片提供、加工人员，我们表示由衷的感谢！

衷心感谢北京出版集团将本书列入重点出版规划，为本书的编辑出版提供各种便利和指导，感谢李清霞女士、刘可先生、杨晓瑞女士等人的热情付出和帮助！

本书涉及类群较多，鉴于编者知识水平所限，错误和遗漏之处在所难免，欢迎读者批评指正。

李新正　　　隋吉星

于青岛
2023年12月

目　录

第一章　概述

第二章　常见生物图鉴

第一章
概述
Chapter One

一、生态系统的主要生态环境类型

（一）东海

东海是太平洋西北岸的边缘海之一，位于21°54′N~33°17′N、117°05′E~131°03′E。东海北起中国长江口北岸到韩国济州岛一线，同黄海分界；南以广东省南澳岛到台湾省本岛南端（一说经澎湖到台湾东石港）一线同南海为界，东至琉球群岛。东海面积约79万km²，平均水深370 m，最大水深2719 m。东海海流水文情况复杂，不仅受黑潮分支的影响，也受浙闽沿岸流、台湾暖流、长江冲淡水和苏北沿岸流的影响；有丰富的营养盐和陆地物质输入，生物多样性丰富，渔业资源量丰富，拥有全国最大的舟山渔场。

（二）河口

河口地处河流与海洋交汇处，与海洋自由相通，区域内海水盐度在河流至海洋的方向上呈现较为明显的梯度特征。因河流径流带来的丰富营养物质，河口毗邻的近海水域常为生物多样性的高水平区或重要的渔场，如著名的舟山渔场与我国沿岸最大的河口长江口相邻。河口区域的生境通常具有高度异质性，如长江口区域潮下带包含低氧区、最大浑浊带和羽状锋控制区等典型生境，潮间带包括光滩、盐沼湿地、潮沟、岩礁和牡蛎礁等类型的栖息地。东海范围内包括长江、钱塘江、瓯江和闽江等较大规模的入海河口。

（三）海湾

海湾是一片三面环陆的海洋，包括"U"形及圆弧形等形态，以湾口附近两个对应海角的连线作为海湾最外部的分界线。海湾内波浪辐散，风浪扰动小，水体平静，易于泥沙堆积，是人类从事海洋经济活动及发展旅游业的重要基地。近几十年来，高强度的人类活动导致海湾生态环境恶化、生态系统失衡，已严重威胁到海岸带地区经济和社会的可持续发展。营养物质输入是人类活动影响海湾生态环境的关键因素。东海沿岸较大的海湾包括杭州湾、象山港、乐清湾、三沙湾和兴化湾等，小型的海湾则数不胜数。

（四）人工岸线

　　随着海岸和近岸海域的开发利用，我国沿海人工海岸线增加显著，自然海岸线随之缩减。按国家海洋局908专项办公室编《海岸带调查技术规程》的规定，人工岸线指由永久性人工建筑物组成的岸线。东海沿岸较为典型的人工岸线包括防波堤、防潮堤、护坡、挡浪墙、码头、防潮闸、道路和挡水（潮）等构筑物。在人工岸线的形成过程中，填海形成的陆地使原始岸线位置发生明显改变，填海形成的堤

长江口横沙岛围垦形成的人工岸线

坝、护坡等人工构筑物使原始岸滩减少或丧失，进而导致岸滩生物群落退化、海域环境质量下降。

（五）潮间带

潮间带是地球上海陆交替的过渡地带之一，是大气圈、生物圈、岩石圈、水圈的物质和能量的集散地。潮间带包括海水涨至最高时所淹没的地方至潮水退到最低时露出水面的区域。根据生物生境和基底性质的不同，可以简单地将其分为硬质海岸潮间带和软质海岸潮间带两种。前者的基底为岩礁，后者的基底则是淤泥或细沙。潮间带是东海沿海填海造地项目最集中的区域，也是围垦养殖的最佳场地，区域内生态系统敏感而脆弱，是滨海湿地众多类型中受人类活动干扰最严重的区域。

浙江台州大陈岛岩礁潮间带

浙江宁波象山软泥潮间带

厦门沿岸的无瓣海桑

（六）红树林

    红树林是生长在海水中的森林，因其树皮及木材呈红褐色而得名。红树植物生长在热带、亚热带海岸及河口潮间带，在我国自然分布的北界是22°N；20世纪80年代，浙江瑞安人工引种红树植物秋茄成功，使得我国红树林分布向北延伸至28°N。东海沿

厦门沿岸的秋茄红树林

岸的红树林主要分布于福建和台湾沿岸，包括无瓣海桑和秋茄等数量较有优势的10余种红树植物。红树植物根系十分发达，盘根错节屹立于滩涂之中，为底栖生物提供了优良的栖息环境。红树林同时具有保护堤防、净化沿岸水体、塑造海岸带沉积特征等功能。

（七）盐沼湿地

　　盐沼湿地是海岸与开放海域之间生长盐沼植物的潮滩，是全球生产力较高的区域之一，是全球"蓝色碳汇"的主要贡献者之一。盐沼植被伴随潮汐作用交替被淹没或露出水面，主要由草本植物组成。东海沿岸盐沼植物包括芦苇、海三棱藨草、互花米草、结缕草、藨草、糙叶薹草、灯芯草、碱蓬和白茅等物种。盐沼植物分布区带性明显，如长江口区域内芦苇分布在高潮区，潮水淹没时间短，甚至仅在大潮高潮时才被淹没；海三棱藨草分布区高程较低，受波浪和潮汐作用较大，潮水淹没时间长。

浙江宁波梅山岛互花米草盐沼湿地

江苏海门小庙洪的牡蛎礁

（八）牡蛎礁

　　牡蛎礁指由大量牡蛎固着生长于硬底物表面，经过牡蛎长年累月的层层叠叠的附着所形成的一种生物礁系统，它广泛分布于温带河口和滨海区。牡蛎礁在净化水体、提供栖息生境、保护海岸线、促进渔业生产、保护生物多样性和耦合生态系统能量流动等方面均具有重要的生态功能。随着人类的过度采捕、牡蛎礁普遍遭受了巨大的破坏，东海区域内的天然牡蛎礁数量极少。近年来，为净化近岸水体，营造底栖生物栖息地环境，人工牡蛎礁构建技术应运而生，在长江口和部分东海岛礁邻近水域已有示范。

长江口潮沟生境

导堤

（九）潮沟

潮沟是在沙泥质潮滩上由于潮流作用形成的冲沟，是潮坪上最活跃的微地貌单元。较高空间异质性是潮沟区域生境的典型特征，此种栖息地环境导致其内底栖动物的生活型及组成从潮沟底部、潮沟边滩到草滩呈现出明显的潮沟剖面生态系列，潮沟底部群落中底内潜穴型和游泳底栖型动物占据数量优势，潮沟边滩区域则以底内潜穴物种占据优势，草滩区域内则主要为以穴居大型蟹类和底上附着型的软体动物占优势的群落。筑堤围垦等人类活动对潮沟发育存在较大的影响，建设工程减少了潮滩表面通流量，阻止或抑制了潮沟的发育壮大。

（十）导堤

导堤是指建在河口拦门沙区航道一侧或两侧的堤工，具有调整水流流向或流量分配等功能，可增加或保持进港航道水深，因此在航道整治工程中具有重要的意义。在长江口等大型河口区域，导堤建设规模较大，为附着生活的底栖生物提供了良好的栖息环境。长江口导堤中目前栖息巨牡蛎、白脊藤壶、近江牡蛎、日本刺沙蚕、光背节鞭水虱和宽额大额蟹等大型底栖无脊椎动物近30种，栖息密度可达3399.11个/m^2，生物量平均值可达26489.44 g/m^2，区域显示了极高的次级生产能力。

长江口的导堤

（十一）辐射沙洲

辐射沙洲是我国近岸典型的地形地貌之一。我国江苏沿海的辐射沙洲是世界上规模最大、最具风格的辐射沙脊沉积体系；沙洲由70多条沙脊和分布其间的潮流通道组成。此沙洲区域南北长约200 km，北至射阳河口，南至长江口北岸近岸浅水区，以弶港为中心；东西宽可达140 km。辐射沙洲区空间异质性较高，生物资源丰富，包括大小黄鱼、带鱼、银鲳、海鳗和梭鱼等100多种经济鱼类。辐射沙洲同时是全国贝类重要产区，盛产文蛤、青蛤、四角蛤蜊、泥螺、蛏子等经济贝类。

（十二）新生沙洲

沙洲岛屿是河口生态系统的重要组成部分。河口区域内泥沙高速沉积，其范围内沙洲岛屿处于较为快速的变化之中，新生沙洲应运而生。新生沙洲具有发育过程短、成土过程原始的土壤种类，其较高的沉积速率显著影响底栖动物的种类组成和数量分布。例如，九段沙是长江口中产生的新生沙洲，约在20世纪50年代开始出水，是区域内继崇明岛、长兴岛和横沙岛之后的又一成陆冲积沙洲。九段沙沉积速率很高，大量泥沙快速沉降，使底质处于剧烈的扰动变化中，限制了腔肠动物、多毛类等底栖动物类群的生存和发展。

（十三）黑潮

黑潮是北太平洋西部流势最强的暖流，为全球第二大暖流（仅次于墨西哥湾暖流），因水体颜色较深而得名。黑潮起源于菲律宾群岛的吕宋岛以东海域，沿台湾岛东岸、琉球群岛西侧向北流，直达日本群岛东南岸，至40°N附近与千岛寒流相遇，再折向东成为北太平洋暖流。在东海，黑潮主流流经我国台湾岛东侧水域，宽100~200 km，深约400 m，流速约每昼夜60~90 km；暖流夏季水面温度达29 ℃，冬季约20 ℃。黑潮的流速较快，可为洄流性鱼类的向北前进提供快速便捷的路径，黑潮流域中可捕获较多数量的洄游性鱼类。

（十四）低氧区

溶解氧是海洋生物的重要环境限制因子。通常认为当水体中溶解氧浓度低至5~6 mg/L时，水生生物的生存和生长受到不良影响；当溶解氧浓度低至2~3 mg/L时，水域生态状况急剧恶化，鱼、虾等多种水生生物无法正常生活，此溶氧过低的现象称为低氧。现阶段，低氧已是全球性的环境问题之一；自20世纪60年代开始，由富营养化导致的低氧在全球的河口/近海环境中越来越普遍，至今受低氧影响的海区大约有479个，受影响海域面积达数十万平方千米。在东海，低氧区主要分布在长江口及其毗邻海域以及浙江省南部海域。

（十五）渔业水域

根据《中华人民共和国渔业法》的定义，渔业水域包括渔业资源生物的产卵场、索饵场、越冬场和洄游通道以及水产动植物的养殖场。渔业水域是我国水产品的主要生产场所，2018年东海渔业总产量为10586163 t。其中，捕捞产量为4588893 t，

渔业水域中的灯光诱捕作业

渔业水域中的围网作业

约占总产量的43.34%；海水养殖总产量5997270 t，约占总产量的56.65%。为保证渔业资源的可持续利用，防止渔业水域污染，维护水域生态平衡，渔业行政主管部门对渔业水域实施严格管理。至今国家层面已颁布20余项渔业水域环境保护的法律法规，我国渔业水域环境保护的法律体系已初步建立。

（十六）最大浑浊带

在世界上许多以细颗粒泥沙为主的河口，往往都存在"两头清，中间浑"的现象，即在河口区的局部区段，其含沙量比上、下游高几倍至几十倍，尤其是近底层含沙量特别高，且床面往往伴有浮泥，存在这种现象的区段谓之"最大浑浊带"。在东海北部长江河口区，最大浑浊带在长江口区域全年存在，纵向延伸范围25~46 km。淡水和咸水、径流和潮流在最大浑浊带内交锋，水文动力特征时间异质性较高，导致区域内沉积环境较不稳定。长江口最大浑浊带泥沙含量较高，易于铜等重金属吸附，区域内重金属含量较高。最大浑浊带内的底栖生物群落结构与其邻近区域存在较为显著的差异。

（十七）羽状锋

　　河流向外海扩散的冲淡水为羽状流水，外海水与羽状流水之间的界面称为羽状锋，羽状锋的存在是河口区一种较为普遍的水文现象。在长江口水域，长江冲淡水主轴方向122° 30′ E~123° 00′ E范围、水深20~30 m及水体盐度20‰ ~27‰的水域称为长江口羽状锋区。长江径流携带的丰富营养盐在羽状锋区聚集，此区域内水体含沙量低、透明度大，光合作用充分，有利于海洋生物繁殖生长；同时盐度适中，既可满足外海高盐水种，又适应沿岸低盐水种的发展，使羽状锋区成为海洋高生产力水域。

河口羽状锋的形成示意图

（十八）大陆架

　　大陆架又被称为"陆棚"或"大陆浅滩"，是大陆向海洋的自然延伸。大陆架始于低潮线，终止于坡折带，宽度数千米至1500 km，区域水深低于200 m。全球大陆架总面积为2710万km²，约占海洋总面积的7.5%。大陆架源于地壳升降运动，地壳运动使陆地下沉，淹没于水下，形成大陆架。东海大陆架多数地方坡度平缓，延伸至冲绳海槽一带，宽处位于上海东南方向约600 km处。大陆架区域陆源营养物质的输入效率较高，初级生产能力较强，是海洋生物生长发育的良好场所，全世界的海洋渔场多数分布在大陆架海区。

（十九）大陆坡

　　大陆坡介于大陆架和大洋之间，大陆架是大陆的一部分，大洋底是真正的海底，因而大陆坡是联系海陆的桥梁。相对于大陆架，大陆坡宽度较窄，变化范围为数千米到数百千米，平均宽度仅约70 km；大陆坡坡度很陡，坡度变化从几度到20多度。大陆坡为单一斜坡或台阶状，形成深海平坦面或边缘海台。大陆坡的表面极不平整，而且分布着许多巨大、深邃的海底峡谷。大陆坡底质以泥为主，还有少量沙砾和生物碎屑，沉积物粒径小于相邻的陆架区。东海大陆坡区域蕴藏较为丰富的渔业资源，包括灯笼鱼、石斑鱼、绿鳍鱼等深海鱼类。

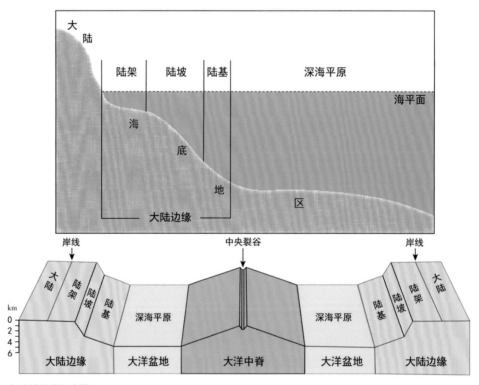

大陆坡位置示意图

（二十）深海

深海一般指超过200 m深的海域。深海环境中水体压力高、底层水流速缓慢、无光、水温低、盐度高、氧含量较丰富、沉积物多为软泥和黏土。深海底存在着海山、冷水珊瑚礁和深海热液喷口等多种生态系统，蕴藏着丰富的遗传资源。科学家在2500 m的海洋深处曾发现集群性经济鱼类，表明深海区域仍有数量可观的生物资源。目前估计水深200~2000 m范围内鱼类和非鱼类的可捕量约可达3000万t。正因如此，非选择性的海底拖网捕捞已是现阶段对深海生物的最大威胁。

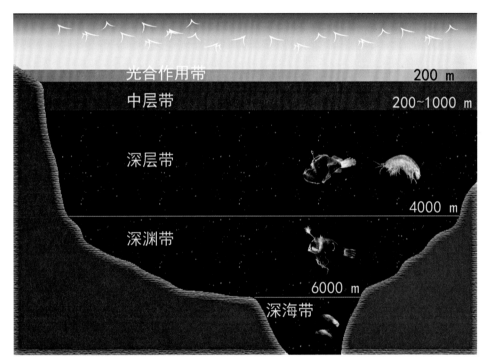

深海环境示意图

（二十一）冲绳海槽

冲绳海槽是位于东海大陆架边缘隆褶带与琉球岛弧之间的一个狭长带状弧间盆地，也是东海大陆架的天然分界。海槽全长840 km，面积约24.6万km²；大部分深度逾1000 m，最大深度2716 m，其上发育有海山、海丘、海山脊、地堑槽等多种构造地貌。近年来科学家在冲绳海槽发现了数个"黑烟囱"和热液溢流区，显示海水及相关金属元素在海槽地壳内部的循环活动。目前已探明冲绳海槽分布有海绵和蠕虫状底栖生物50余种，并已分离微生物300余株。

（二十二）岛礁

　　我国岛礁众多，在我国主张管辖的300多万km²的海域中，分布着11000多个岛礁，岛礁陆域总面积近8万km²。东海范围内的海岛数量约占我国海岛总数的66%。岛礁周围可形成天然的上升流场，是海洋生物多样性极高的区域，生物多样性水平显著高于邻近的浅海水域。岛礁独立于海洋中，生态系统较为敏感和脆弱，近年来受过度捕捞、高强度人类活动等因素影响，东海岛礁区域出现渔业资源衰退、渔业生境恶化等问题，亟待采取资源养护与生境修复措施，促进岛礁渔业的可持续开发利用。

舟山群岛中的岛礁

第二章
常见生物图鉴

Chapter Two

一、藻类

礁膜
Monostroma nitidum Wittrock, 1866

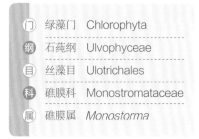

门	绿藻门	Chlorophyta
纲	石莼纲	Ulvophyceae
目	丝藻目	Ulotrichales
科	礁膜科	Monostromataceae
属	礁膜属	*Monostorma*

幼体黄绿色，为囊状，薄软黏滑有光泽，成体裂为不规则的膜状，边缘多皱褶。藻体由一层细胞构成。单核，色素体一个。配子体叶片可营养生殖，无性繁殖产生游孢子，有性生殖为同配或异配。生活史为异型世代交替。

一般生长在内湾性海域高潮带岩石上。暖海广分布种。

裂片石莼

Ulva fasciata Linnaeus, 1753

藻体呈大型条状裂叶，鲜绿色或墨绿色，膜质。藻体分为固着器和叶状体两部分。固着器盘状并向下分生出假根；叶状体无柄，直接生于固着器上，由两层细胞构成，不中空。有性生殖为异配生殖。同型世代交替生活史，包括配子体世代和孢子体世代。

生长于中潮带、低潮带和大干潮线附近的岩礁。在我国分布于浙江、福建、台湾、广东和海南，广泛生长于温带海域。

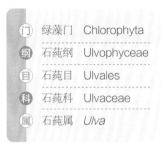

门	绿藻门	Chlorophyta
纲	石莼纲	Ulvophyceae
目	石莼目	Ulvales
科	石莼科	Ulvaceae
属	石莼属	*Ulva*

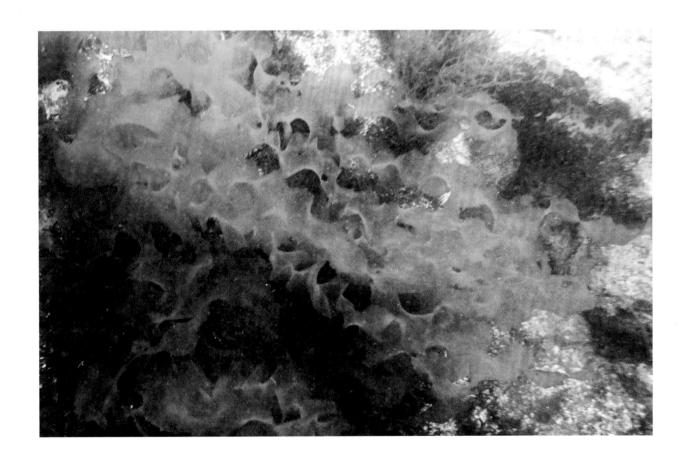

坛紫菜

Neoporphyra haitanensis (T.J.Chang & B.F.Zheng) J.Brodie & L.E.Yang, 2020

门 红藻门　Rhodophyta
　　真红藻亚门　Eurhodophytina
纲 牛毛菜纲　Bangiophyceae
目 牛毛菜目　Bangiales
科 牛毛菜科　Bangiaceae
属 紫菜属　*Neoporphyra*

藻体暗紫绿略带褐色，薄膜叶片状。披针形、亚卵形或长卵形，长10~30 cm，栽培藻体可达2 m以上，宽3~10 cm。基部心脏形、圆形或楔形，边缘稍有褶皱或无，具有稀疏的锯齿；藻体单层，局部双层。基部细胞向下延伸成为假根丝状的固着器。

生长于风浪大的高潮带岩石上。本种可能为我国特有的暖温带性海藻，主要分布于福建平潭、惠安、东山和浙江嵊泗列岛等地，也是长江以北地区的主要养殖种类。

粗枝软骨藻

Chondria crassicaulis Harvey, 1860

藻体圆柱形，藻体灰绿色、紫红色或黄色，多肉，软骨质，株高5~10 cm。藻体分为固着器、主枝和分枝三部分。固着器盘状；分枝不规则地向各方向生出，分枝和小枝顶端钝圆，基部细，在小分枝的顶端生椭圆形或卵形的小球状体。四分孢子囊生在小枝的顶端，孢子囊小枝和其他小分枝无显著区别。

生长于低潮线附近的岩石上。在我国分布于黄海、东海。日本和朝鲜也有分布。

门	红藻门	Rhodophyta
纲	红藻纲	Florideophyceae
	真红藻亚纲	Rhodymeniophycidae
目	仙菜目	Ceramiales
科	松节藻科	Rhodomelaceae
属	软骨藻属	*Chondria*

海萝

Gloiopeltis furcata (Postels & Ruprecht) J. Agardh, 1851

门	红藻门	Rhodophyta
纲	红藻纲 Florideophyceae 真红藻亚纲 Rhodymeniophycidae	
目	杉藻目	Gigartinales
科	海萝科	Endocladiaceae
属	海萝属	*Gloiopeltis*

藻体紫红色、褐色或黄褐色，圆柱形或亚圆柱形，自盘状固着器丛生，高5~10 cm，不规则二叉式分枝，顶端逐渐尖细或圆钝，成熟藻体内部中空。藻体干燥时革质、有韧性。四分孢子囊散布于皮层中，囊果圆球形或半球形，密集散布在藻体上。

生长在高、中潮带的岩石上，喜生长在接受波浪冲击、盐度较高、潮间带上部的岩石上，较耐干旱。中国沿海分布较广，以东南沿海为多见，太平洋常见种。

茎刺藻

Caulacanthus okamurae Yamada, 1933

藻体暗紫褐色，软骨质，矮小，聚生，形成密集的团块。藻体高1~2 cm，基部具根状丝，向上长有圆柱形或稍扁压的上部；分枝不规则，互生，偏生，羽状叉分，生有短的外弯刺状小枝，枝端尖锐；枝与枝间常互相附着粘连。同型世代交替，胞子体上形成四分孢子囊，雌性配子体上生有囊果。

生长在中、高潮带的岩石上。我国沿海常见种类，北太平洋广布种。近年作为入侵种出现在地中海。

门	红藻门	Rhodophyta
纲	红藻纲	Florideophyceae
	真红藻亚纲	Rhodymeniophycidae
目	杉藻目	Gigartinales
科	茎刺藻科	Caulacanthaceae
属	茎刺藻属	*Caulacanthus*

扇形拟伊藻
Gymnogongrus flabelliformis Harvey, 1857

门	红藻门	Rhodophyta
纲	红藻纲	Florideophyceae
	真红藻亚纲	Rhodymeniophycidae
目	杉藻目	Gigartinales
科	拟伊藻科	Phyllophoraceae
属	拟伊藻属	*Gymnogongrus*

藻体直立，单生或丛生，高4~8 cm，基部具小盘状固着器，向上变亚圆柱形，其余部位均为窄线形扁压或扁平叶状，二叉式分枝，枝端尖或钝圆，有时略膨胀，微凹或二裂，边缘全缘或有时有小育枝，小育枝单条或1~3次叉分，中下部枝距大于上部，分枝多集中于上部；整体有扇形轮廓；藻体紫红色，干后变黑色或褐色，软骨质，制成的腊叶标本不完全附着于纸上。

潮间带的岩石上或石沼边缘均有生长。中国北起辽东半岛，南至海南岛均有生长。朝鲜、日本、越南及菲律宾也有分布。

蜈蚣藻

Grateloupia asiatica Kawaguchi & H.W.Wang, 2001

藻体单生或丛生，紫红色，胶质黏滑，高10~20 cm，主干单一至顶，亚圆柱形略扁，宽2~5 cm，互生、对生或偏生。内皮层有众多星状细胞，髓部由纵列藻丝交织，成长的藻体有时部分或全部中空。藻体因生境不同外形变化甚大。成熟的囊果，突出于体表呈颗粒状。固着器小盘状。

生长于潮间带岩石上或水沼中。在我国分布于辽宁、山东、浙江沿海，以广东沿海为多。北太平洋广布种。

门	红藻门	Rhodophyta
纲	红藻纲 Florideophyceae 真红藻亚纲 Rhodymeniophycidae	
目	海膜目	Halymeniales
科	蜈蚣藻科	Grateloupiaceae
属	蜈蚣藻属	*Grateloupia*

披针形蜈蚣藻

Grateloupia lanceolata (Okamura) Kawaguchi, 1997

门	红藻门　Rhodophyta
纲	红藻纲　Florideophyceae 真红藻亚纲　Rhodymeniophycidae
目	海膜目　Halymeniales
科	蜈蚣藻科　Grateloupiaceae
属	蜈蚣藻属　*Grateloupia*

藻体单生或丛生，深紫红色，幼期柔软而成体变硬。株高10~25 cm，叶片宽1~5 cm。藻体分为固着器、柄与叶片三部分。固着器盘状；柄较短，成体时中空。叶片带状，并在顶端具有明显的舌状分叉。叶片由皮层和髓部构成。配子体世代雌雄异体，雄配子体未见。生殖细胞由皮层细胞形成，散布于藻体表面。

生长于低潮带的石沼中或低潮带的岩石上。我国北至辽宁，南至海南均有分布，国外分布于日本、越南和朝鲜。

鸭毛藻

Symphyocladia latiuscula (Harvey) Yamada, 1941

藻体暗紫红色，厚膜质，脆而易断，丛生，细线形，高5~10 cm。固着器为纤维状的假根，基部生有数条主枝，枝扁压，主枝两缘生有不规则数回互生羽状分枝，分枝下部长，上部短，藻体常呈塔式或扇形，枝及羽枝均为细线形，枝端尖细，末位小羽枝多为细针状，互生，幼时顶端生有毛丝体，小羽枝多单条，但少数再生羽状次生小羽枝。中肋细微，在枝宽的部分可见。

生长在低潮带岩石上。在我国主要分布在黄渤海海域。国外分布于朝鲜、日本和俄罗斯。近年来作为入侵种出现在地中海。

门	红藻门	Rhodophyta
纲	红藻纲	Florideophyceae
	真红藻亚纲	Rhodymeniophycidae
目	仙菜目	Ceramiales
科	松节藻科	Rhodomelaceae
属	鸭毛藻属	*Symphyocladia*

环节藻

Champia parvula (C. Agardh) Harvey, 1853

<table>
<tr><td>门</td><td>红藻门 Rhodophyta</td></tr>
<tr><td>纲</td><td>红藻纲 Florideophyceae
真红藻亚纲 Rhodymeniophycidae</td></tr>
<tr><td>目</td><td>红皮藻目 Rhodymeniales</td></tr>
<tr><td>科</td><td>环节藻科 Champiaceae</td></tr>
<tr><td>属</td><td>环节藻属 Champia</td></tr>
</table>

藻体直立，丛生，由圆柱状分枝组成，分枝互生，有时对生，枝基部略细，枝端渐细，顶端钝头，由许多圆桶状节片组成；节处有横膈膜。藻体内部中空，皮层由1~2层细胞组成，表面观为不规则的圆形至卵圆形，间生有小细胞；切面观，大细胞为不规则的角圆长方形，内壁上有近圆形的腺细胞。藻体紫褐色或微绿色，柔软，黏滑，膜质，制成的腊叶标本能较好地附着于纸上。

生长在潮间带岩石上，或附生在其他藻体上。该种广布于中国沿海。世界上热带、亚热带和温带地区的水域中均有分布。

鹿角沙菜

Hypnea cervicornis J. Agardh, 1851

　　藻体缠结成疏松的团块，株高8~15 cm。分枝体圆柱形，膜质或亚软骨质，紫红色或微带绿色。藻体分为固着器和分枝两部分。固着器盘状。不规则互生，藻体上部的枝逐渐尖细，形似鹿角状，中、下部分枝密被有小的单条或叉分的刺状最末小枝。

　　生长在中、低潮带岩石上。在我国分布于浙江以南的海域。印度洋—太平洋海域广布种。

门	红藻门	Rhodophyta
纲	红藻纲	Florideophyceae
	真红藻亚纲	Rhodymeniophycidae
目	杉藻目	Gigartinales
科	沙菜科	Cystocloniaceae
属	沙菜属	*Hypnea*

异边孢藻

Corallina aberrans (Yendo) K. Hind & G.W. Saunders, 2013

门	红藻门 Rhodophyta
纲	红藻纲 Florideophyceae 珊瑚藻亚纲 Corallinophycidae
目	珊瑚藻目 Corallinales
科	珊瑚藻科 Corallinaceae
属	珊瑚藻属 *Corallina*

藻体紫红色或带绿的紫红色，高4~7 cm，二至三回较密集的羽状分枝，呈聚伞状，主枝近基部节间圆柱形，稍上呈长盾形，中部以上的节片箭头状，常向两侧伸展而呈扁宽的翼翅状，具中肋状的突起。主枝顶端部的节间部倒卵形，枝端钝圆。在藻体的部分节片上，常又伸出1~2个或更多短的突枝或较长的小分枝。膝节部由单列细胞组成，细胞线形不分枝，节部在与髓丝交接处变细。

生长在潮间带岩石或石沼中。在我国分布于浙江、福建和台湾。国外分布于朝鲜和日本。

带形叉节藻

Amphiroa zonata Yendo, 1902

藻体玫瑰色或灰紫色。直立，高2~5 cm，规则的二叉状分枝，节间近基部圆柱形，分枝的中部和上部的节间大多扁压，末端的节片具有明显的横条纹。纵切面观，节间部由髓部及皮层组成，节间的髓部由3~4组横列细胞组成，和一列短的细胞互生。孢子囊生殖窝侧生，散生在节间的表面。

本种生长在低潮线下或中、低潮带石沼中的岩石上。我国黄海、东海常见种。国外分布于日本、朝鲜和菲律宾。

门	红藻门	Rhodophyta
纲	红藻纲	Florideophyceae
	珊瑚藻亚纲	Corallinophycidae
目	珊瑚藻目	Corallinales
科	珊瑚藻科	Corallinaceae
属	叉节藻属	*Amphiroa*

铁钉菜

Ishige okamurae Yendo, 1907

门	褐藻门　Ochrophyta
纲	褐藻纲　Phaeophyceae
目	铁钉菜目　Ishigeales
科	铁钉菜科　Ishigeaceae
属	铁钉菜属　*Ishige*

　　铁钉菜是因藻体坚硬形似铁钉而得名。藻体暗褐色，圆柱形或稍扁平，高4~10 cm。固着器小盘状，有短柄。复叉状分枝，枝呈细圆柱形，微有棱角，有时略扁圆。内部构造由两层组织组成，内层为错综繁密的丝体，外层为与体表面垂直排列成队的小细胞组成。藻体多年生，一年四季均能生长，生长盛期在6—9月。

　　生长于潮间带上部波浪冲击的岩礁上。铁钉菜是我国东海和南海常见的藻类，北起浙江的嵊泗列岛，南至广东雷州半岛。本种是北太平洋西部特有的亚热带性海藻，除我国外，还分布于日本和朝鲜。

幅叶藻

Petalonia fascia (O.F. Müller) Kuntze, 1898

藻体绿褐色至橄榄褐色，成体长8~30 cm，宽1~3 cm。基部楔形，叶片部则为线形或披针形，伸直或略弯曲，顶端略尖或有2~3个浅裂片。在同一丛上生长的藻体，叶片长宽的比例常有很大的差异，有的略有螺旋的卷曲，叶缘有起伏。髓部为多层大的无色细胞。皮层细胞小，含色素体。藻体中央部位的细胞有时疏松，并形成不大的腔，腔内充满胶质。藻体的表面生有褐藻毛。叶状体为配子体只在春季出现，夏季成熟后则变为小型的盘状体附着在岩石或贝壳上。

生长在潮间带的岩石上或者人工养殖的筏架上。我国黄海、东海常见种。在北半球广泛分布。

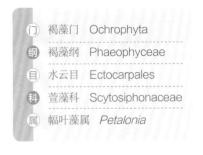

门	褐藻门	Ochrophyta
纲	褐藻纲	Phaeophyceae
目	水云目	Ectocarpales
科	萱藻科	Scytosiphonaceae
属	幅叶藻属	*Petalonia*

囊藻

Colpomenia sinuosa (Mertens ex Roth) Derbès & Solier, 1851

门	褐藻门	Ochrophyta
纲	褐藻纲	Phaeophyceae
目	水云目	Ectocarpales
科	萱藻科	Scytosiphonaceae
属	囊藻属	*Colpomenia*

藻体黄褐色，中空囊状，不规则球形、长筒形或纺锤形，长成后往往有不规则的纹裂。球形藻体直径3~15 cm，无柄，基部具有垫形固着器，个体单生或群生。体壁膜质，由2层组织构成，内部细胞大而稍圆，无色，1~2层，外部为1层小细胞，黄色。多室孢子囊为柱状，其中杂有隔丝，孢子囊初为散生，呈斑状，后集生遮蔽藻体。

生长于潮间带下部、水沼中或其他藻体上，在潮下带1~5 m礁岩上也可见其踪迹。广布于温带、亚热带及热带海域，如中国、朝鲜、日本、菲律宾、越南、印度、马来西亚、澳大利亚等地海域。

黏膜藻

Leathesia difformis (Lyngbye) Decaisne, 1842

藻体浅褐色或深褐色，手感黏滑，亚球形、半球形或扩展成不规则外形，常聚生，直径1~3 cm。表面有许多凹陷。幼时中实，长大之后逐渐中空。髓部细胞无色，基部的长圆柱形，壁薄，一般为二叉分枝，中部细胞较其他部分大，向边缘逐渐变小。同化丝不分枝，形状变化较大，自髓部细胞长出，由3~6个细胞组成。

常群生长于低潮带岩石上或其他藻体上。在我国分布于黄海、东海，全世界温带海域广布种。

门	褐藻门	Ochrophyta
纲	褐藻纲	Phaeophyceae
目	水云目	Ectocarpales
科	索藻科	Chordariaceae
属	黏膜藻属	*Leathesia*

羊栖菜

Sargassum fusiforme (Harvey) Setchell, 1931

门	褐藻门	Ochrophyta
纲	褐藻纲	Phaeophyceae
目	墨角藻目	Fucales
科	马尾藻科	Sargassaceae
属	马尾藻属	*Sargassum*

藻体黄褐色，肥厚多汁，株高一般为30~50 cm，高的可达2 m左右。藻体分为假根、茎、叶片和气囊四部分。长短不一的假根形成了固着器；主干为直立圆柱形，上生主枝然后次生分枝。幼苗的基部有2~3个初生叶，初生叶扁平，具有不明显的中肋，渐长则脱落。不同产地和季节，藻体形态差异很大。北方种群株枝密集，叶、气囊扁宽多锯齿；南方株枝稀长，叶、气囊线形或棒状。羊栖菜的生活史中只有孢子体阶段，无明显的配子体阶段。雌雄异株、异托，生殖托圆柱状，顶端钝，表面光滑，基部具有柄，单条或偶有分枝。

生长于低潮带和大于潮线下的岩石上，喜欢水清、流大、浪急的海域。在我国分布很广，北起辽东半岛，南至广东雷州半岛东岸，但是近年来栖息地破坏，主要局限生长在人类影响小的外岛上。除我国外，还分布于日本和朝鲜。

半叶马尾藻

Sargassum hemiphyllum (Turner) C.Agardh, 1820

藻体黄褐色至暗褐色，高10~50 cm。固着器由圆柱形的假根所组成，有匍匐枝，其上生出主干。主干极短，上生主枝，二者常不易区分。枝互生，丝状，与叶在同一平面上。大部分藻体左右不对称，一侧向外弧形弯曲，无中肋，叶缘有粗齿。藻体下部的气囊为倒卵形，顶端圆；上部的常为纺锤形或椭圆形，顶端尖，边缘和顶端有翼状部分。生殖托圆柱状，向上稍细，下部有一短柄，单条或排成总状。

生长在大干潮线附近及以下约1 m左右深的岩石上，在低潮带较大的石沼中也有生长。我国东海和南海沿岸常见种类，本种为西北太平洋特有的暖温带性海藻，还分布于日本和朝鲜。

门	褐藻门	Ochrophyta
纲	褐藻纲	Phaeophyceae
目	墨角藻目	Fucales
科	马尾藻科	Sargassaceae
属	马尾藻属	*Sargassum*

铜藻

Sargassum horneri (Turner) C.Agardh, 1820

门	褐藻门	Ochrophyta
纲	褐藻纲	Phaeophyceae
目	墨角藻目	Fucales
科	马尾藻科	Sargassaceae
属	马尾藻属	*Sargassum*

　　藻体黄褐色，树状，枝叶繁茂，藻株高大，有时可达10 m以上。主枝圆柱形，下部有数条纵走浅沟。互生、对生分枝，中肋及顶，锯齿深裂。柄细长。气囊圆柱形，两端尖细，中肋及顶，固着器裂瓣状。生殖托圆柱形，有短柄，一年生，从11月水温下降后快速生长，至翌年春天成熟，夏季藻体腐烂脱落。

　　生长于低潮线下的深水处，喜欢清澈的海水，可以形成大规模的海底森林，被浙江渔民称为"丁香屋"，作为海洋动物避难所和育儿所，发挥着重要的生态功能。但是，近年来在我国海域大量漂浮形成了"褐潮"这一生态灾害，给沿海养殖业和旅游业造成损失。该物种为西北太平洋特有的暖温带性海藻广布种。

鼠尾藻

Sargassum thunbergii (Mertens ex Roth) Kuntze, 1898

藻体暗褐色。固着器为扁平的圆盘状，边缘常有裂缝，上生一条主干。主干甚短，长3~7 mm，圆柱形，其上有鳞片的叶痕。主干顶端长出数条初生枝。外形常因枝的长度和节间距离而不同。幼期，鳞片状小叶密密地排列在主干上。初生枝的幼期也覆盖有以螺旋状重叠的鳞片叶，其后，次生枝自鳞片叶腋间生出。叶丝状，窄披针形或倒卵圆形，顶端小，具有长短不一的囊柄。生殖托为椭圆形或圆柱状，顶端钝，单条或数个集生在叶腋间。雌雄异株。

集生于潮间带上部的岩石上或水洼石沼中，可以在较长时间暴露于阳光下。该种是我国沿海常见种类，北起辽东半岛，南至雷州半岛。朝鲜、日本、俄罗斯也有分布。

门	褐藻门	Ochrophyta
纲	褐藻纲	Phaeophyceae
目	墨角藻目	Fucales
科	马尾藻科	Sargassaceae
属	马尾藻属	*Sargassum*

瓦氏马尾藻
Sargassum vachellianum Greville, 1848

门	褐藻门	Ochrophyta
纲	褐藻纲	Phaeophyceae
目	墨角藻目	Fucales
科	马尾藻科	Sargassaceae
属	马尾藻属	*Sargassum*

藻体褐色，干燥后为黄褐色，高20~50 cm。固着器盘状。主干短，长1.5~2 cm，圆柱状，其上有落枝的残痕，自主干顶生出一至数个主枝。主枝下部扁平。叶为长披针形，生在体下部的较宽，1.5 cm左右；上部的狭窄，3~6 mm，有稀疏但较尖锐的锯齿；中肋明显，在顶端处消失。气囊球状，圆顶，永不成对；囊柄常扁平，有时呈叶状。生殖托圆柱状，近于二叉分枝，排成总状。

生长在大干潮线及以下的礁石上，中、低潮带的大深石沼中也可见到。分布于我国山东半岛南部，以及浙江、福建和广东。

二、刺胞动物

等指海葵
Actinia equina (Linnaeus, 1758)

　　海葵全身鲜红色至深红色，为其最明显的鉴别特征。柱体表面光滑，部分大个体领窝内具边缘球。触手鲜红色，中等大小，内、外触手大小相近，约100个。足盘直径、柱体高和口盘直径大致相等。口呈红色，比触手颜色略深。

　　等指海葵广泛分布于中国沿海，为全球广布种。栖息于潮间带，中低潮区的岩石缝隙、大石块表面或石块底部，海葵所附岩石的颜色多为与海葵本身相近的红褐色。该海葵是南麂列岛所有海葵中数量最多的。等指海葵的个体大小受群体密度影响。群体密度越高，海葵的个体越小。同时退潮后完全暴露的个体比仍能生活在潮间带水坑里的个体要小。推测，在退潮后完全暴露的海葵其觅食更容易受不利条件的影响，如温度、光照等。

门	刺胞动物门	Cnidaria
纲	珊瑚虫纲	Anthozoa
目	海葵目	Actiniaria
科	海葵科	Actiniidae
属	海葵属	*Actinia*

亚洲侧花海葵
Anthopleura asiatica Uchida & Muramatsu, 1958

门	刺胞动物门	Cnidaria
纲	珊瑚虫纲	Anthozoa
目	海葵目	Actiniaria
科	海葵科	Actiniidae
属	侧花海葵属	*Anthopleura*

海葵个体较小，形态多变，伸展时多为圆柱状，足盘直径、柱体高、柱体直径和口盘直径相近，收缩时呈小丘状。柱体浅棕色，表面有24列红色疣突，呈斑点状分布。边缘球棕黄色，在大个体中较多，小个体有的无边缘球。足盘有黏附性，会吸附少量沙粒等外来物。口盘透明。触手灰棕色，约60个。

该种海葵在中国沿海广泛分布，其模式产地为日本。附着在潮间带中、高潮区石缝中或石块下，常集群出现，但数量通常不大。亚洲侧花海葵是侧花海葵属中个体较小的一种，其柱体上红色斑点状的疣突是区别于本属其他种的鉴别特征。

中华近瘤海葵

Paracondylactis sinensis Carlgren, 1934

海葵体呈长柱形，上粗下细。最大个体柱体高约17 cm，足盘直径3.5 cm，口盘直径6 cm，触手长3 cm。柱体光滑，不具疣突。领部有一轮假边缘球。触手较短，内触手略长于外触手，约96个。活体半透明或浅灰色。

中华近瘤海葵栖居在潮间带或浅潮下带泥沙滩中，模式产地为中国东海长江口。另外，在山东、江苏、浙江、海南等地沿海均有发现。国外分布于印度、越南和日本。

门	刺胞动物门	Cnidaria
纲	珊瑚虫纲	Anthozoa
目	海葵目	Actiniaria
科	海葵科	Actiniidae
属	近瘤海葵属	*Paracondylactis*

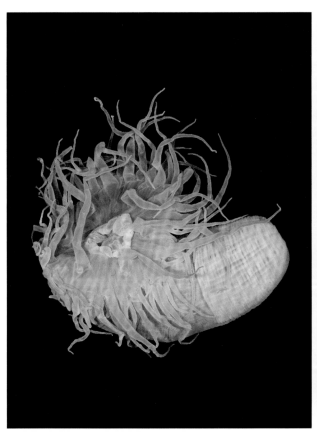

纵条矶海葵

Diadumene lineata (Verrill, 1869)

门	刺胞动物门　Cnidaria
纲	珊瑚虫纲　Anthozoa
目	海葵目　Actiniaria
科	纵条矶海葵科　Diadumenidae
属	纵条矶海葵属　*Diadumene*

此种海葵个体较小，海葵体圆柱形，表面光滑，半透明状，身体呈淡绿色、浅灰绿色、褐绿色、暗褐绿色等，体壁上具橘黄色纵线。口盘呈浅绿色和浅褐色。触手呈苍白色、奶油色、灰绿色或者粉红色，数目变化较大，30~100个。捕食时，其触手把握食物，并放出枪丝，内含大量的刺细胞，能将猎物麻醉。受到干扰后也能射出枪丝用于防御。

该种海葵全球广泛分布，在我国山东青岛、福建东山、广东南澳等沿海潮间带均有分布。附着于潮间带的礁石上，能生活在恶劣和污染较严重的环境，能耐饥饿，耐寒冷和酷暑。

强壮仙人掌海鳃

Cavernularia obesa M. Edwards & Haime, 1857

生活状态时为黄色或橙色。群体，棒状。海鳃群体由单独一个大的轴珊瑚虫（卵生体oozooid）发育而成：卵生体通过侧面的出芽生殖产生构成群体的全部次级珊瑚虫，最终分化成一个球根状，通过蠕动收缩将海鳃锚定于软底的下端肉质柄部和一个着生次级珊瑚虫的上端羽轴。轴部的长度通常是柄部的2倍或2倍以上。柄部直接插入泥沙质海底，轴部露出在底质之上。珊瑚虫均匀分布于羽轴上，生活状态伸展，遇到刺激收缩。

该种在中国沿海广泛分布，遇到刺激会发磷光，是海洋中著名的发光动物。

门	刺胞动物门	Cnidaria
纲	珊瑚虫纲	Anthozoa
目	海鳃目	Pennatulacea
科	棒海鳃科	Veretillidae
属	海仙人掌属	*Cavernularia*

桂山希氏柳珊瑚

Hicksonella guishanensis Zou & Chen, 1984

门	刺胞动物门	Cnidaria
纲	珊瑚虫纲	Anthozoa
目	软珊瑚目	Alcyonacea
科	柳珊瑚科	Gorgoniidae
属	希氏柳珊瑚属	*Hicksonella*

　　群体珊瑚，呈疏松的细长枝状结构，活体呈白色。群体基部着生于贝壳、岩石上。珊瑚虫具8个小触手。骨片白色，形态多样，多卵形，多棘状。

　　该种常见于潮间带受海浪冲击处，分布于我国山东、浙江、福建、广东等近海。含有丰富的次生代谢产物，具有多种多样的生物活性。

海月水母

Aurelia aurita (Linnaeus, 1758)

本种由伞部和口腕两部分组成，伞体呈半透明的圆盘状，伞部收缩时近半球形，伞缘着生短小纤细的触手，具8个缘瓣。内伞凹入，中央为方形的口柄，由口部伸出4条口腕，口腕上长有许多刺胞。

分布很广，几乎遍布世界各海区。它们通常生活在近岸，在河口可以见到。海月水母是东亚海域常见的致灾水母种类，能大规模暴发，在辽宁红沿河核电站附近海域常有大量的海月水母聚集，严重威胁核电站安全运行，已经成为核电站冷源取水安全的高风险生物。海月水母姿态优美，人工繁殖技术相对成熟，能作为观赏性水母全年不间断供给水族馆进行标本的展示。其市场需求量大，发展前景广阔，受到越来越多人的喜欢。

门	刺胞动物门	Cnidaria
纲	钵水母纲	Scyphozoa
目	旗口水母目	Semaeostomeae
科	洋须水母科	Ulmaridae
属	海月水母属	*Aurelia*

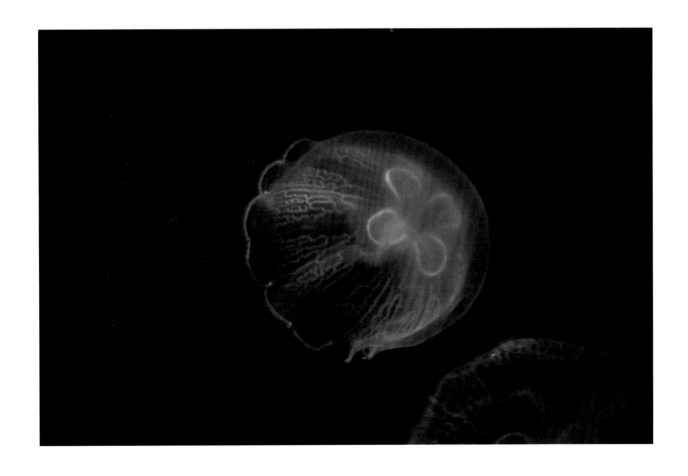

三、多孔动物

叶片山海绵
Mycale (Carmia) phyllophila Hentschel, 1911

门	多孔动物门　Porifera
纲	寻常海绵纲　Demospongiae 异骨海绵亚纲　Heteroscleromorpha
目	繁骨海绵目　Poecilosclerida
科	山海绵科　Mycalidae
属	山海绵属　*Mycale* 肥厚海绵亚属　*Mycale (Carmia)*

外形多种多样，多呈大块状，有时附着在渔排的绳索上呈大片的生长趋势。海绵多为红色，出水口大多不明显，在一些长势良好的海绵中可清晰看见其出水口，海绵略有弹性。骨针有3种，分别为山海绵型骨针、掌形异爪状骨针、卷轴骨针。大骨针为山海绵型骨针，一端为不太明显的头状体，另一端尖。掌形异爪状骨针分两种。卷轴骨针数量较多。该种海绵缺乏连续的外皮骨骼，其表面有一层薄的皮层，皮层中无特殊的骨骼构造。领细胞层骨骼呈羽状，从底部逐渐上升，在接近海绵表面的时候，骨针束加粗，伸出斜的辐射状的结构。

生活在我国东海的浅海区域，能在渔排上大量繁殖，其生物量较大。叶片山海绵的生长率与水温变化显著相关，水温高时迅速生长，而随着水温的降低，其生长受到明显抑制，并且过低的水温会导致其死亡。叶片山海绵和其体内共生的微生物含有多种活性物质，从其共生微生物体内分离纯化的化合物具有较高的防污活性和高效低毒的活性。

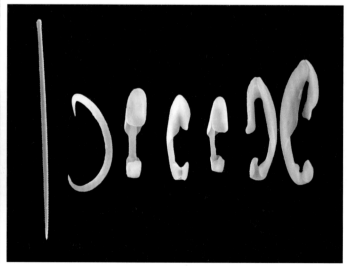

巴里轭山海绵

Mycale (Zygomycale) parishi Bowerbank, 1875

海绵呈枝状，形成许多细而短的分枝；青紫色，附着基底面呈棕色，也可能全身棕色。青紫色海绵干燥后呈淡粉色。表面外皮骨骼明显，有骨针束突出体表，形成细毛状突起。海绵有弹性，可压缩。出水口数量较少。骨针有6种，分别为山海绵型骨针、掌形异爪状骨针、卷轴骨针、弓形骨针、发状骨针、等形爪状骨针。掌形异爪状骨针有两种，卷轴骨针呈"C"形或"S"形，有两种规格。外皮骨骼比较容易获得，与表面平行的切向骨骼，有多骨针束纤维交叉形成的网眼结构清晰的网状结构。领细胞层骨骼有粗壮的多骨针束纤维组成的羽状结构。

该种海绵分布范围很广，在我国的东海、南海以及澳大利亚、南非等地海域均有分布，是一类珊瑚礁常见海绵。

门	多孔动物门 Porifera
纲	寻常海绵纲 Demospongiae 异骨海绵亚纲 Heteroscleromorpha
目	繁骨海绵目 Poecilosclerida
科	山海绵科 Mycalidae
属	山海绵属 *Mycale* 等轭海绵亚属 *Mycale (Zygomycale)*

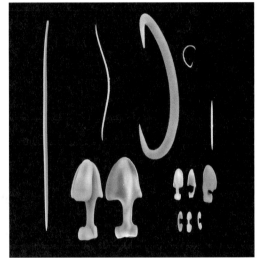

四、环节动物

覆瓦哈鳞虫
Harmothoe imbricata (Linnaeus, 1767)

门	环节动物门	Annelida
纲	多毛纲	Polychaeta
目	叶须虫目	Phyllodocida
科	多鳞虫科	Polynoidae
属	哈鳞虫属	Harmothoe

　　最大标本体长可达35 mm，具35~38节。口前叶哈鳞虫型，前对眼部分位于口前叶额角下方腹面，后对眼位于口前叶后侧缘。具3个头触手，均具基节及前端膨大的端节。触手、触角、触须和背须皆具稀疏排列的丝状乳突。鳞片15对。鳞片肾形或椭圆形。疣足双叶型，腹叶发达，背刚毛稍粗具侧锯齿，腹刚毛浅黄色，末端具两个小齿。

　　覆瓦哈鳞虫是沿海潮间带的常见种类，喜栖于石块下或海藻间、泥沙底的碎石贝壳中，且常共生在罗氏海盘车的步带沟内。覆瓦哈鳞虫是北温带广布种，广泛分布于北大西洋、北太平洋。在中国主要分布于渤海、黄海、东海潮间带及潮下带。

长吻沙蚕

Glycera chirori Izuka, 1912

体细长，两端尖细、背腹略扁，头部圆锥形，具4只小触手，无触角和触须，疣足多为双叶型。具粗大的吻，吻可从口中翻出体外。个体体长通常超过10 cm以上，体节数150~200个。主要摄食有机碎屑和动植物遗骸。

分布于辽宁、河北、山东和江苏等我国北部省份沿海浅水区。长吻沙蚕在我国产量较大，是重要的海洋经济无脊椎动物。近年来，长吻沙蚕被用作经济虾蟹类和底栖鱼类人工养殖过程中的优质饵料；物种也被广泛应用于垂钓饵料。长吻沙蚕是现阶段我国出口量最大的多毛类动物之一。

门	环节动物门	Annelida
纲	多毛纲	Polychaeta
目	叶须虫目	Phyllodocida
科	吻沙蚕科	Glyceridae
属	吻沙蚕属	*Glycera*

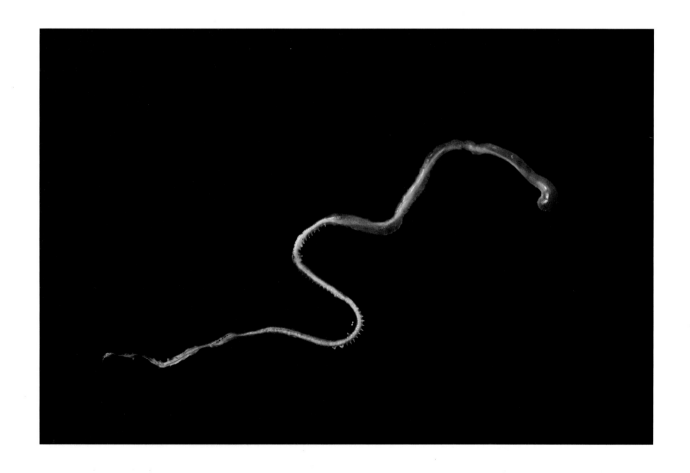

圆锯齿吻沙蚕
Nephtys glabra Hartman, 1950

门	环节动物门	Annelida
纲	多毛纲	Polychaeta
目	叶须虫目	Phyllodocida
科	齿吻沙蚕科	Nephtyidae
属	齿吻沙蚕属	*Nephtys*

　　圆锯齿吻沙蚕在多毛类动物中属个体较大的物种，加之其在部分区域内的数量优势，物种的次级生产能力较为可观。例如在长江口水域，圆锯齿吻沙蚕是盐沼湿地潮沟系统中的优势多毛类物种，中间级别潮沟中物种的密度、生物量和次级生产力处于最高水平。

　　主要分布于中国黄海、东海。

　　圆锯齿吻沙蚕具有较为重要的营养价值，由于其肉食性属性，使其成为沟通底部食物资源和更高营养级（鱼类、鸟类等）的中间纽带，从而在盐沼生态系统的食物链、食物网中扮演着重要角色。

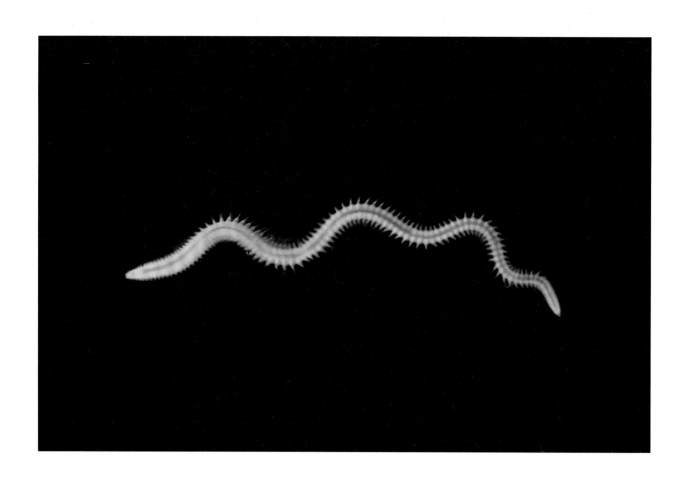

无疣齿吻沙蚕
Inermonephtys inermis Ehlers, 1887

体细长，最长达 16 cm，具有 220 个刚节。腹中线具一浅的纵沟，背中线稍突起。口前叶圆五边形，具一个明显的后延长部。前腹面具一对小而细的腹触手。项器发达，指状。吻粗短无乳突。第 1 刚节的足刺叶圆锥形，前刚叶小，后刚叶很发达，呈四边形，腹后刚叶小，具背、腹须。体中部具典型的疣足双叶型、背足刺叶圆锥状，背前刚叶圆状。背须长指状；腹后刚叶几乎退化，腹须指状。间须长而细，基部无膨大部和附加须。具梯形刚毛和侧缘有锯齿的短毛状刚毛，后刚叶多数刚毛侧缘锯齿韧、背腹足刺叶皆具叉状刚毛。

多栖息于潮下带泥沙底质，为热带、亚热带广布种。黄海、东海和南海均有分布。

门	环节动物门	Annelida
纲	多毛纲	Polychaeta
目	叶须虫目	Phyllodocida
科	齿吻沙蚕科	Nephtyidae
属	无疣齿蚕属	*Inermonephtys*

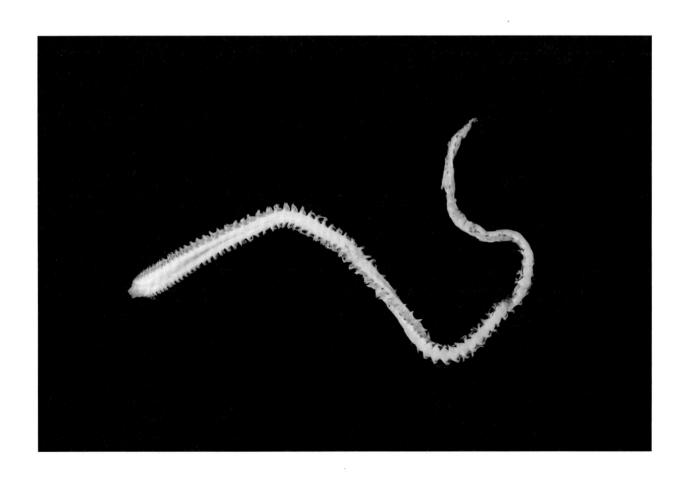

多齿沙蚕

Nereis multignatha Imajima & Hartman, 1964

门	环节动物门	Annelida
纲	多毛纲	Polychaeta
目	叶须虫目	Phyllodocida
科	沙蚕科	Nereididae
属	沙蚕属	*Nereis*

个体较大，长约12 cm，宽1 cm，有100余体节。口前叶宽扁，触手指状，短于口前叶。眼2对呈矩形排列。围口节触须4对，最长触须后伸可达2~3刚节。吻表面除V区外皆具圆锥形颚齿。吻端大颚具侧齿。前2对疣足单叶型，其余为双叶型。体中后部疣足，背腹舌叶为指状突起，腹刚叶圆锥形，腹须短。前部疣足背刚毛为复型等齿刺状，体中后部为复型等齿镰刀状；腹刚毛在腹足刺上方为复型等齿刺状和异齿镰刀状，下方者为复型异齿刺状和异齿镰刀状。

多齿沙蚕生活个体呈绿褐色或褐色，酒精标本颜色浅。有异沙蚕体。多栖息于潮间带中下区牡蛎及石莼海藻丛中。在我国黄海、渤海、东海均有分布。国外分布于韩国、日本。

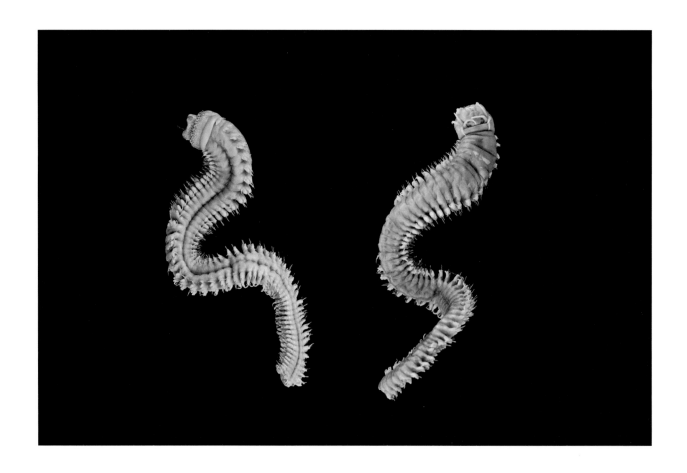

双齿围沙蚕

Perinereis aibuhitensis (Grube, 1878)

体呈两侧对称，长柱体，背腹稍扁平，肉红色或蓝绿色。一般体长15~19 cm，体节180~220个。东南亚范围内皆有分布，在我国河口泥沙滩中通常具有数量优势。杂食，幼虫主要摄食单细胞藻类，成虫摄食腐屑、动植物碎片，雌雄异体。温度适应范围为5~40 ℃，最适生存温度为20~30 ℃；盐度适应范围为5‰~45‰，最适盐度范围为20‰~30‰。

在我国南方部分区域，双齿围沙蚕被视为美食，被誉为海洋中的"冬虫夏草"。此物种是优良的垂钓饵料，是我国出口量最多的沙蚕科物种之一。双齿围沙蚕具有较好的抵抗重金属和有机污染物胁迫能力，常作为环境监测的指示生物。目前国内已有针对双齿围沙蚕的规模化人工养殖，亩产可达134.9 kg，养殖经济效益较为可观。双齿围沙蚕具有较高的生态修复潜力，物种可以通过摄食沉积物中有机物的方式去除富营养化。

门	环节动物门 Annelida
纲	多毛纲 Polychaeta
目	叶须虫目 Phyllodocida
科	沙蚕科 Nereididae
属	围沙蚕属 *Perinereis*

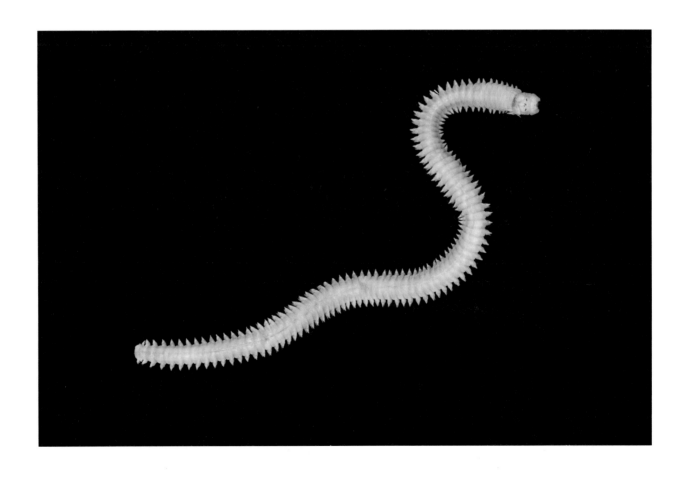

多齿围沙蚕

Perinereis nuntia (Lamarck, 1818)

门	环节动物门	Annelida
纲	多毛纲	Polychaeta
目	叶须虫目	Phyllodocida
科	沙蚕科	Nereididae
属	围沙蚕属	Perinereis

体长约100 mm，宽6~7 mm，多达100余刚节。其口前叶近五边形，两对眼呈倒梯形位于口前叶后部。触手短指状，触角基节膨大呈长圆柱状。吻各区均具颚齿。体前部双叶型疣足，背腹须等长为指状，背腹舌叶约等长，末端钝圆。体中部疣足背舌叶末端变细似锥状，腹刚叶加大增宽呈三角形，腹舌叶小末端钝圆，背须小短指状。体后部疣足与中部近似，仅背须比背舌叶长，上背舌叶末端渐细为三角形。

多齿围沙蚕为潮间带的常见种类，主要分布在潮间带上区和中区的小藤壶、滨螺带石块下的泥沙中。为印度洋—太平洋海域热带、亚热带种，在我国从辽宁到海南岛均有分布。国外分布于韩国、日本、菲律宾、印度尼西亚、澳大利亚、斐济等地海域。

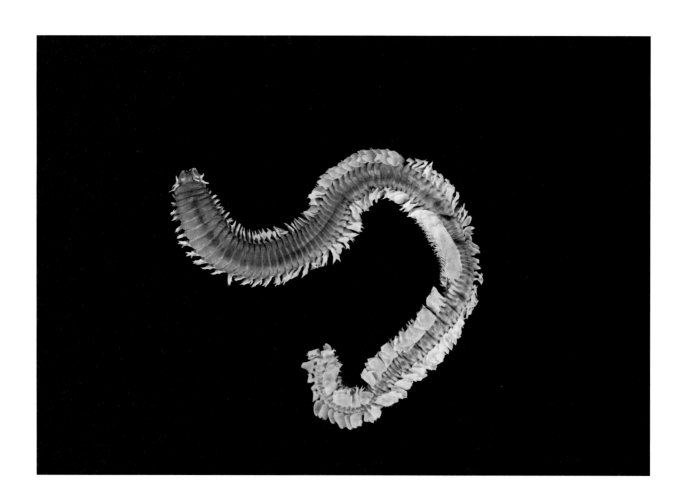

邻近长手沙蚕

Magelona parochilis Zhou & Mortimer, 2013

此物种个体较小，个体长度通常为1.1~1.7 cm，宽度通常为0.2~
0.7 mm，体节数61~69个，与多数海洋多毛类动物相似。尽管此物种无
经济价值，但其在分类学、生态学和生物地理学方面较具特点。此物种
是我国学者根据江苏省南通市和盐城市沿岸水域采集样本发表的新物
种，相关记述和论证对于增进中国海洋生物多样性的理解具有显著意义。

海洋多毛类动物虽为典型的底栖生态类群，但其幼虫时期为浮游习
性，因此多毛类物种在海洋中的分布范围通常较广。然而，邻近长手沙
蚕仅分布于南黄海32° 10.63′ N~33° 26.45′ N纬度范围内潮间带和小于
10 m浅水区域的泥沙滩，显示出较为独特的分布特征，此种说明该物种
对于栖息地具有较为严格的选择性。在多毛类中，长手沙蚕科包括的物
种数量较少，且物种在自然环境中的栖息密度也较低，但邻近长手沙蚕
在栖息地环境中的密度可达140个/m²，此现象说明长手沙蚕科物种在
适宜的自然环境中也可形成较高的种群数量。

门	环节动物门 Annelida
纲	多毛纲 Polychaeta
目	*
科	长手沙蚕科 Magelonidae
属	长手沙蚕属 *Magelona*

*在分类学上目前没有分到目这一级，后同

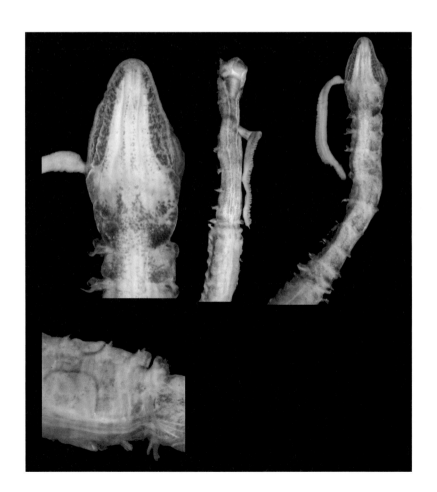

欧努菲虫

Onuphis eremita Audouin & Milne Edwards, 1833

门	环节动物门 Annelida
纲	多毛纲 Polychaeta
目	矶沙蚕目 Eunicida
科	欧努菲虫科 Onuphidae
属	欧努菲虫属 *Onuphis*

体形较细长，体宽通常小于3 mm，体长最大可达30 cm（超过200刚节）。口前叶近三角形，前唇锥形。无眼点。触角向后可伸至第1体节，侧触手至第8体节，中央触手至第5体节。一对触须位于围口节前缘。腹须在前6刚节为须状，从第7体节始为腺垫状。背须在体前部为须状，较后刚叶长；其后逐渐变细，至体后部为丝状。鳃始于第1体节，前18~20刚节具简单鳃丝，其后鳃出现分支，并排列成梳状，最大鳃丝数为6。伪复型钩状刚毛具三齿、钝巾，分布于前3刚节。

欧努菲虫具世界性分布，存在于各种水深的底质中，然而主要记录于浅水区（水深一般不超过50 m），在深水区和冷水区较少。其栖管较薄，由黏液质的内层和沉积物的外层组成。在我国的黄海、东海、南海均有分布（水深35~83.3 m）。

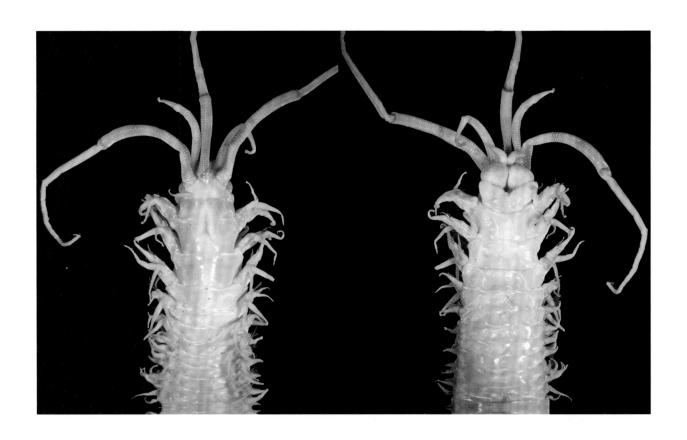

日本巢沙蚕
Diopatra sugokai Izuka, 1907

体形较粗壮，长达25 cm，宽1 cm。口前叶前端圆，前唇锥形。触手和触角的基节具8~9个近端环轮和一个较长的远端环轮。端节具20~22列不规则纵向排列的感觉乳突；触角端节较短，触手端节约等长。体前部疣足的前刚叶分裂为双叶型，背侧部分较大、向腹侧延伸，腹侧部分圆形或锥形。鳃始于第4~5体节，在体前部较发达；鳃丝围绕鳃茎排列成螺旋状。前5对疣足为变形疣足，具1~2根位于背侧的细长毛状刚毛和双齿钩状刚毛；后者柄光滑、具圆巾。非变形疣足始于第6体节，具翅毛状刚毛和梳状刚毛。梳状刚毛柄粗，端片具7~18个小齿，排成斜排。

主要分布在热带和亚热带海域，从潮间带到陆架区（水深不超过300 m）都有分布。少数种出现在温带海域或高纬度地区。栖管在伸出底质的部分通常覆盖有海藻、碎贝壳或砾石等较大的颗粒，埋在底质中的部分管壁较薄，由羊皮纸状的内层和泥沙颗粒组成的外层组成。日本巢沙蚕为植食性或杂食性动物，以漂浮的海藻或小个体的无脊椎动物为食。

门	环节动物门 Annelida
纲	多毛纲 Polychaeta
目	矶沙蚕目 Eunicida
科	欧努菲虫科 Onuphidae
属	巢沙蚕属 *Diopatra*

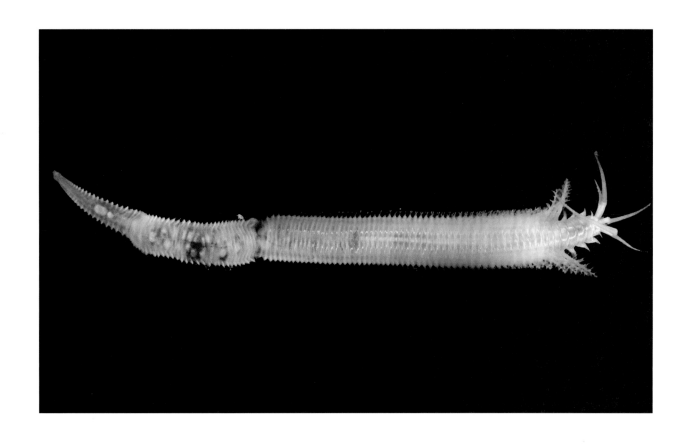

岩虫
Marphysa sanguinea (Montagu, 1815)

门	环节动物门	Annelida
纲	多毛纲	Polychaeta
目	矶沙蚕目	Eunicida
科	矶沙蚕科	Eunicidae
属	岩虫属	*Marphysa*

虫体较大，最长可达80 cm，宽2 cm，有800多个体节。口前叶有明显的中央沟，后缘具5个头触手，中间的最长。围口节两节，无任何附肢。体前部疣足具发达的后叶，背须稍长、腹须稍短。体后部背、腹须皆缩小为突指状。鳃始于第14~27刚节，止于体后端，鳃丝带状，2~6根，远长于背须。疣足具2~8根稍钝的黑色足刺，足刺上方具一束细长的毛状刚毛，具有毛状边缘；足刺下方具复型刺状刚毛、足刺状刚毛，黄色，具双齿。

岩虫身体背面红褐色具金属光泽，是优良的钓饵，俗称扁食。为世界三大洋暖水广布种，在我国渤海、黄海、东海、南海沿岸的潮间带和潮下带习见。

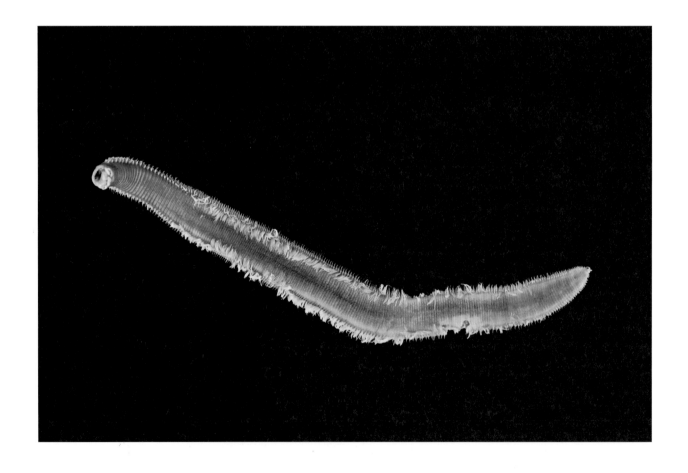

须鳃虫

Cirriformia tentaculata (Montagu, 1808)

虫体两端较扁平，体长可达9 cm，宽7 mm，有300多个刚节。口前叶圆锥形，成虫无眼点。围口节具3个环轮。体前部通常有3个无刚毛体节。多对有沟的丝状触角位于第6、7刚节背面，有时位于第4、5刚节背面。鳃丝总是始于具触角的刚节前，细长呈圆柱形，延续至体后部。身体中部的鳃丝紧邻背刚叶，鳃丝与背刚叶的间距短于背、腹刚叶的间距。背、腹刚叶上均具毛状刚毛；中后区体节具4~5根背、腹足刺刚毛。尾部尖锥形，肛门位于背面。

须鳃虫活体的鳃丝鲜红，在有机污染的地方具有较大的密度，常与小头虫等种类聚集生长，是有机污染的指示种之一。属于暖水区世界性广布种，在我国沿海潮间带均有分布。

门	环节动物门	Annelida
纲	多毛纲	Polychaeta
目	蛰龙介目	Terebellida
科	丝鳃虫科须	Cirratulidae
属	须鳃虫属	Cirriformia

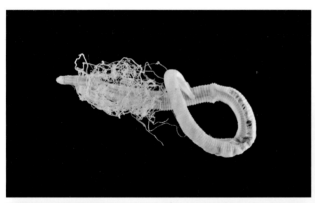

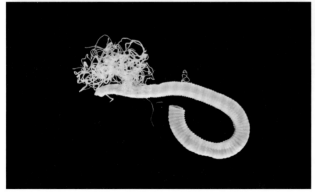

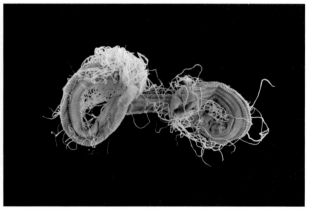

中国扇栉虫

Amphicteis Chinensis Sui & Li, 2017

虫体较小，大的标本长约4 cm，口前叶具一对背向的竖脊和一对横向呈"V"形的腺脊。稃刚毛发达。有4对光滑圆柱状鳃。第4~6体节疣足具背刚毛，无腹刚毛，共具17个胸刚毛节，第1对疣足较小，背刚毛相对较短。腹部具小的背足叶和背须，尾节具一对肛须。胸区齿片具单排齿，每排具3个小齿。

中国扇栉虫为中国沿海特有种，在我国东海潮下带的泥沙底质里建造膜质栖管，平时生活在栖管内，取食时头部伸出栖管开口端，用发达的口触手，在海底表面搜集有机碎屑为食。

中国不倒翁虫

Sternaspis chinensis Wu, Salazar-Vallejo & Xu, 2015

体长 2~3 cm，身体哑铃形，前后两端较大。身体暗灰色，腹盾紫褐色。运动时身体可伸缩，亦能左右翻转。广温种，全球性分布，我国沿岸潮下带水域习见。不倒翁虫数量的季节变化不明显，各月份中的种群数量均较高。物种分布与底质类型关系密切，例如胶州湾内沉积物以粉沙黏土为主，其中有机物含量较为丰富，此种环境下不倒翁虫数量显著较高；湾口区域以粗沙为主，不利于物种生存，因此湾内沿岸区域密度较高，而湾口和湾外侧密度较低。

门	环节动物门	Annelida
纲	多毛纲	Polychaeta
目	蛰龙介目	Terebellida
科	不倒翁虫科	Sternaspidae
属	不倒翁虫属	*Sternaspis*

膜囊尖锥虫

Scoloplos marsupialis Southern, 1921

(门)	环节动物门 Annelida
(纲)	多毛纲 Polychaeta
(目)	*
(科)	锥头虫科 Orbiniidae
(属)	尖锥虫属 *Scoloplos*

虫体细长，近圆柱状，腹区体节具节间体节，胸区具16~20体节。口前叶圆锥状，具1对项器。鳃始于第8~9体节，腹区鳃较背疣足叶长。胸区背疣足后刚叶细指状，始于第1体节。胸区腹疣足退化成低的扁平脊，前胸区体节具一中央乳突，后5~7胸节另具一乳突，稍小于中央乳突，位于中央乳突腹侧。腹区腹疣足叶末端分为两叶，内叶较外叶长，腹叶腹侧具凸缘，并延伸形成膜质袋囊。

膜囊尖锥虫栖息于潮间带及潮下带，在我国的黄海、东海、南海均有分布，为印度洋—太平洋海域广布种。

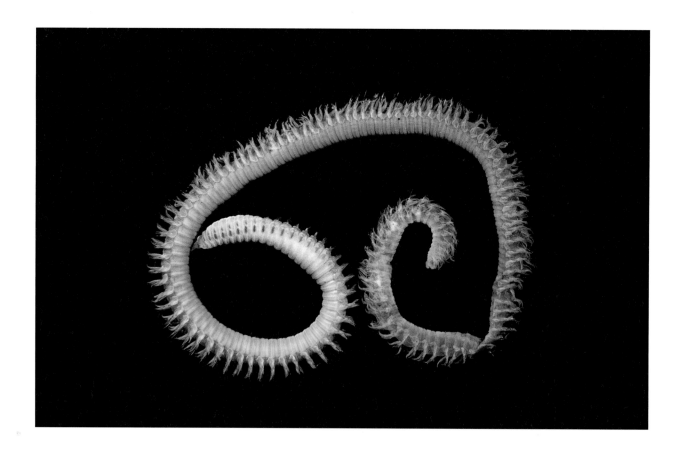

克里克襟节虫

Clymenella koellikeri (McIntosh, 1885)

虫体细长，第5刚节具一个深棕红色的色带，经虎红染色后更加明显。前3个刚节较长，刚节长度是宽度的2~3倍。后面的第4~6刚节变短。第7~8刚节稍长于第6刚节。头板椭圆形。头脊隆起，较长，前突钝圆。项沟直，前伸达头缘膜侧叶和前突的交接处。头缘膜较浅，具2个明显的侧裂和1个浅的背中部缺刻。无眼点。第4刚节具有前伸的领。领边缘一般光滑完整，腹面中央有时具明显的小缺刻。

克里克襟节虫为暖水种，具有明显的热带性海洋分布特征。在我国分布于东海、南海。国外主要分布于斐济、日本。

门	环节动物门 Annelida
纲	多毛纲 Polychaeta
目	＊
科	竹节虫科 Maldanidae
属	襟节虫属 *Clymenella*

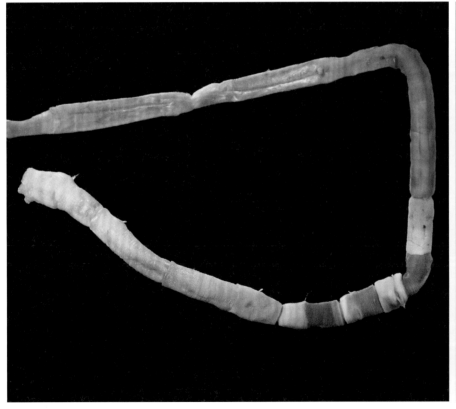

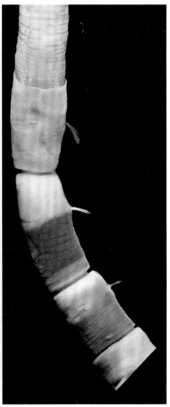

五、软体动物

皱纹盘鲍
Haliotis discus Reeve, 1846

门	软体动物门 Mollusca
纲	腹足纲 Gastropoda
目	小笠螺目 Lepetellida
科	鲍科 Haliotidae
属	鲍属 *Haliotis*

又称石决明、九孔螺、海耳和盘大鲍。贝壳大，椭圆形，较坚厚。壳表面深绿色，生长纹明显。壳内面银白色，有绿、紫、珍珠等彩色光泽。皱纹盘鲍自然分布于我国山东和辽东半岛。日本和俄罗斯海域也有分布。后因"北鲍南移"养殖工程，物种从黄、渤海移到亚热带的福建海域养殖并发展壮大。皱纹盘鲍喜居于水质清澈、盐度较高、潮流畅通、海藻丛生的浅水岩礁地带，缓缓爬行，遇敌害或受惊时将足紧紧吸附在岩石上。多在夜间活动觅食，白天则潜伏于岩礁的缝隙处很少活动。食性较杂，以褐藻类的马尾藻、鼠尾藻、海带、裙带菜等为主要食物。皱纹盘鲍是我国所产鲍中个体最大者。鲍肉肥美，营养丰富，被称为"海味之冠"，为海产中的珍品。鲍贝壳即有名的中药石决明。

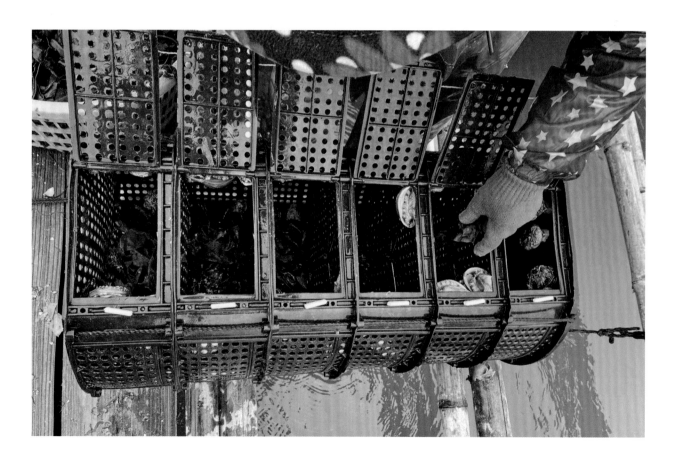

纵带滩栖螺

Batillaria zonalis (Bruguière, 1792)

贝壳中等大小；呈尖锥形，壳质结实。螺层约12层，壳顶常被腐蚀；螺旋部高，塔形；体螺层底，基部稍斜，缝合线明显。壳顶光滑，其余螺层壳面具有明显的波状纵肋和粗细不匀的螺肋。壳面呈黑褐色或紫褐色，在缝合线上方通常具一条灰白色螺带，螺旋沟纹多为灰白色。壳口卵圆形，壳内面为紫褐色或具有与壳面沟纹相应的白色条纹。壳口外缘薄，内唇较厚，近前后端具有肋状隆起，前沟短，厣角质。

纵带滩栖螺栖息在潮间带高、中潮区有淡水流入的河口泥沙滩上。多分布于我国东海和南海。日本、澳大利亚及印度洋也有分布。

门	软体动物门 Mollusca
纲	腹足纲 Gastropoda
目	中腹足目 Mesogastropoda
科	滩栖螺科 Batillariidae
属	滩栖螺属 *Batillaria*

纵肋织纹螺

Nassarius variciferus (A. Adams, 1852)

门	软体动物门	Mollusca
纲	腹足纲	Gastropoda
目	新腹足目	Neogastropoda
科	织纹螺科	Nassariidae
属	织纹螺属	*Nassarius*

俗称海锥。贝壳小型，尖锥形，圆锥形螺塔，螺层约9层，缝合线深。壳表平滑、有光泽，具有螺肋。壳口圆形，轴唇滑层发达。螺表面具有显著的纵肋和细密的螺纹，两者相互交织呈布纹状。壳表淡黄色，混有褐色云斑。分布于我国沿海和日本沿海。栖息于潮间带及潮下带的泥沙质海底，腐食性，以死亡的海产动物如鱼、虾、蟹等为食。纵肋织纹螺在浮游幼虫阶段以单细胞藻类为食，食性为植物性，摄食方式为滤食；在稚螺阶段，其食性由浮游期的植物性转变为动物性，以吻为摄食器官，摄食方式为吮食。纵肋织纹螺肉质鲜美，营养丰富，是深受大众青睐的小型经济螺类，具有很高的经济价值。

管角螺

Hemifusus tuba (Gmelin, 1791)

成体螺层约8层，缝合线深，呈不整齐沟状。螺旋部较低，呈圆锥形，体螺层相当膨大。各螺层壳面中部扩张形成肩角，肩角上半部壳面倾斜，下半部竖直。在肩角上通常具有10个发达的角状突起。分布于我国东、南沿海地区，以及日本沿岸水域。管角螺主要分布在暖水性的地域，生活在近海约10 m水深的泥沙或泥质的海底，是浅海较大型的经济腹足类。管角螺是一种大型底栖肉食性贝类，喜食双壳贝类。管角螺生长速度较快，个体大，味美，营养丰富，是高级海产品。现阶段管角螺主要采用水泥池、网箱、滩涂、吊笼等多种方式进行人工养殖，在浙江等地养殖规模较大，具有较大养殖发展潜力。

门	软体动物门 Mollusca
纲	腹足纲 Gastropoda
目	新腹足目 Neogastropoda
科	盔螺科 Melongenidae
属	角螺属 *Hemifusus*

浅缝骨螺
Murex trapa Röding, 1798

门	软体动物门 Mollusca
纲	腹足纲 Gastropoda
目	新腹足目 Neogastropoda
科	骨螺科 Muricidae
属	骨螺属 *Murex*

壳表面黄灰色或黄褐色，前沟很长，近呈封闭管状，其上尖刺通常不超过前沟长度的1/2。厣角质。成体螺层约8层，每一螺层有3条纵肿肋。螺旋部各纵肿肋的中部有1支尖刺；体螺层的纵肿肋上具有3支较长刺，其间有的还具1支短刺。体螺层纵肿肋之间有5~7条细弱纵肋，螺肋细而隆起。暖水性贝类，主要分布于我国东海和南海，以及日本沿岸。生活于数十米水深的沙泥质海底，为海底拖网习见种类，据报道曾在珠江口香港海域底拖网作业中作为优势种出现。该物种可被加工成工艺品。

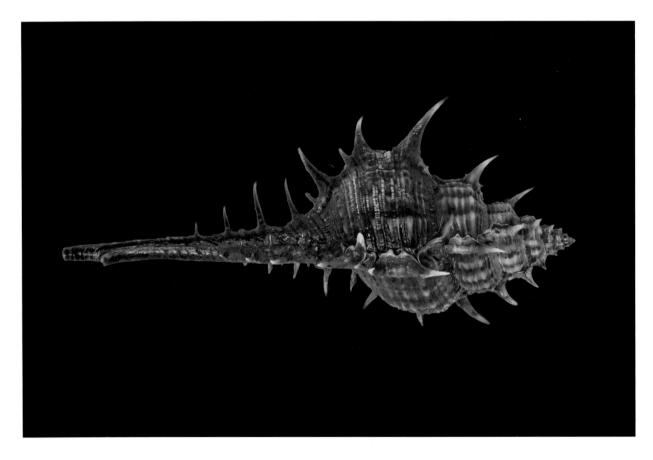

脉红螺
Rapana venosa (Valenciennes, 1846)

俗称海螺或红螺。成体壳高 11~12 cm，属于大型海洋底栖动物。肉食性，喜食小型双壳贝类。繁殖方式属于多雌多雄混交模式，集中繁殖期为 6 月下旬至 7 月下旬，水温 24~27 ℃是脉红螺进入产卵高峰期的必要环境条件。通常栖息于潮间带下区至 20 m 水深的泥沙、岩礁等底质水域海底。在我国渤海、黄海和东海，以及日本海等地均有分布。在脉红螺的生活史中，浮游幼虫需经过附着变态形成幼螺，此阶段物种从浮游生活转入底栖匍匐生活。脉红螺虽然在我国属于重要的经济贝类，但其具有很强的生物入侵性，会通过轮船的运输和水产贸易扩散到整个世界大洋，在欧洲黑海、爱琴海，美国、阿根廷等部分海域均作为生物入侵种，对当地牡蛎等双壳贝类资源造成了严重破坏。脉红螺常见的养殖方法包括混养、筏架养殖、水池养殖以及围养法。

门	软体动物门	Mollusca
纲	腹足纲	Gastropoda
目	新腹足目	Neogastropoda
科	骨螺科	Muricidae
属	红螺属	*Rapana*

黄口荔枝螺

Reishia luteostoma (Holten, 1803)

门	软体动物门 Mollusca
纲	腹足纲 Gastropoda
目	新腹足目 Neogastropoda
科	骨螺科 Muricidae
属	荔枝螺属 *Reishia*

别名辣螺。贝壳中等大；呈纺锤形，壳质坚硬，螺层约7层，缝合线浅，不明显。螺旋部较高，呈圆锥形，约为壳高的1/2。体螺层上部膨大，下部收缩。壳面较粗糙，具有细密而低平的螺肋及细生长纹。每个螺层中部扩张形成肩部，围绕肩部有一结实的突起，结节突起在体螺层上有4列，以第一列最发达，其余逐渐减弱或不显。壳口卵圆形，外唇薄，内缘具小的粒状突起；内唇略直，光滑。前沟短，前端稍向北方扭曲，厣角质，褐色，核位于中央的外侧边缘。壳面黄褐色至黄紫色，具纵向波状紫褐色花纹，花纹通常覆盖在结节突起上面，颜色有变化。

黄口荔枝螺生活在潮间带中、低潮区的岩石缝隙内或石块下面。在我国南北沿海皆有分布。日本也有分布。

疣荔枝螺

Reishia clavigera (Küster, 1860)

俗称辣玻螺和辣螺。贝壳呈卵圆形，壳小较坚厚，壳高大于壳宽。螺层约6层，缝合线浅，壳顶尖，螺旋部低于体螺层，体螺层中部膨大，基部尖细。各螺层中部有1环列明显的疣状突起，体螺层上有5列疣状突起，上方2列粗壮。壳面密布细的螺肋和生长纹。壳面灰绿色或黄褐色，壳口卵圆形，前沟短，外唇薄，边缘肋纹明显，内唇光滑。壳内面淡黄色，有黑色或褐色大块斑，厣角质，棕褐色。疣荔枝螺在中国沿海均有分布，黄海、渤海数量多，在我国南北沿海及舟山群岛各岛屿沿岸均有分布，还广泛分布于日本沿海地区。栖息于潮间带中下区的岩礁附近海底或礁石上，可短距离移动，喜群集生活。疣荔枝螺肉质鲜美，贝壳可入药，色彩美丽，具有较高的经济价值，但因其是肉食性动物，以藤壶、双壳贝类为食，故对滩涂贝类养殖有害。

门	软体动物门	Mollusca
纲	腹足纲	Gastropoda
目	新腹足目	Neogastropoda
科	骨螺科	Muricidae
属	荔枝螺属	*Reishia*

方斑东风螺
Babylonia areolata (Link, 1807)

门	软体动物门 Mollusca
纲	腹足纲 Gastropoda
目	新腹足目 Neogastropoda
科	蛾螺科 Buccinidae
属	东风螺属 *Babylonia*

　　俗称花螺。体被黄褐色壳皮，并具有近似长方形的紫色斑块，物种因此得名。主要分布于我国福建、广东、海南和广西沿海海岸，以及东南亚和日本沿海。肉食性种类，主要摄食鱼、虾、贝以及有机碎屑，适温范围1~32 ℃，最适温度范围为22~28 ℃，适宜盐度范围为25‰~35‰。营底栖生活，昼伏夜出，匍匐爬行，也可以靠腹足分泌的黏液滑行活动。方斑东风螺个体较大，营养价值较高，肉质鲜美，是我国东南沿海重要的经济型海水养殖贝类，也经常出口日本、韩国等国家。目前水泥池养殖是方斑东风螺人工养殖的主要模式。

香螺

Neptunea cumingii Crosse, 1862

贝壳大型，近菱形，壳质坚实。螺层约7层，缝合线明显。胚壳乳头状，光滑；螺旋部小，体螺层膨大，基部收缩。各螺层中部和体螺层上部具明显肩角，阶梯状。肩角具结节状突起或呈翘起的鳞片状突起。壳表具细密的螺旋肋、螺纹及明显的生长纹。壳面颜色多有变化，一般黄褐色，或具有宽窄不一的白色色带及褐色薄壳皮。壳口大，梨形，内呈灰白色或淡褐色；外唇简单、弧形；内唇具较厚向外延展的滑层。前沟短宽，前端稍曲。厣角质，梨形，核位于前端。

香螺生活在潮下带水深20~80 m的泥质或岩质海底。本种为中国沿海常见种，具有一定的资源量。肉肥大，味美，有"香螺"之称。

温水性种类，主要分布于我国黄海、渤海。日本和朝鲜也有分布。

门	软体动物门	Mollusca
纲	腹足纲	Gastropoda
目	新腹足目	Neogastropoda
科	蛾螺科	Buccinidae
属	香螺属	*Neptunea*

细角螺

Hemifusus ternatanus (Gmelin, 1791)

门	软体动物门	Mollusca
纲	腹足纲	Gastropoda
目	新腹足目	Neogastropoda
科	盔螺科	Melongenidae
属	角螺属	*Hemifusus*

　　俗称角螺、响螺。贝壳高大，呈长纺锤形，螺层约9层，缝合线明显。螺层周围有突出的结节，螺肋明显。壳体本身粉红色，表层覆盖着一层壳皮，呈褐色。壳口长大，内面淡褐色。外唇薄，边缘内侧有与壳表螺肋相应的浅沟，内唇薄，紧贴于壳轴上。前沟直，延长呈半管状。

　　细角螺生活于水深10~70 m，温度和盐度相对稳定的泥沙质海底，在我国的东海、南海和日本海域均有分布。细角螺为肉食性贝类，肝胰脏发达，喜食双壳类，尤其是薄壳无足丝种类，如缢蛏、杂色蛤、凸壳肌蛤、鸭嘴蛤，还喜食死亡的虾、蟹。细角螺肉可供食用，贝壳可做号角。

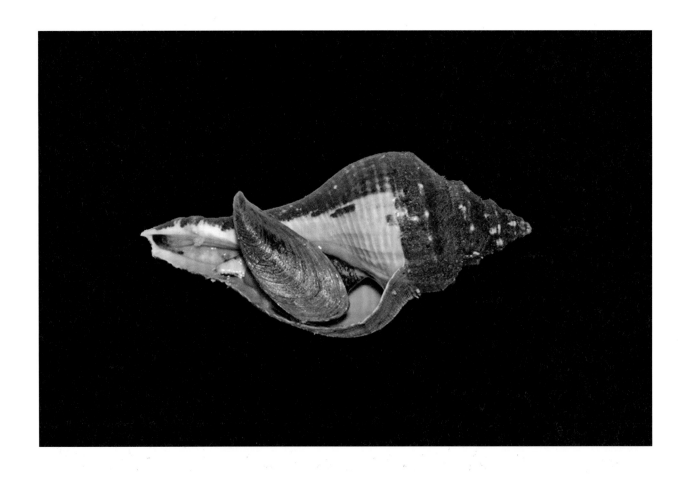

泥螺

Bullacta caurina (Benson, 1842)

别名麦螺、梅螺、海泥板、海溜子。体近长方形，肥厚，呈灰色或黄红色。身体柔软，软体部不能完全收缩入壳内。头楯大，平滑，遮盖贝壳前部。眼埋入头楯皮肤中。外套膜小，大部分被贝壳掩盖。足宽，前端圆形，后端截形。侧足发达，竖立于体侧并掩盖部分贝壳。壳质薄脆，呈卵圆形，螺旋部小，体螺层膨胀。壳表被灰黄—褐色壳皮，具精细的螺旋沟和生长线，两者相交呈格子状。壳口宽广，上部窄，底部扩张呈半圆形。内唇石灰质层狭而薄；外唇简单，弧形。

泥螺生活在潮间带至潮下带浅水区的泥沙质底。为太平洋西北部特有种，在我国分布于南北沿海。日本、朝鲜等国家也有分布。

门	软体动物门 Mollusca
纲	腹足纲 Gastropoda
目	头楯目 Cephalaspidea
科	阿地螺科 Atyidae
属	泥螺属 *Bullacta*

扁玉螺
Neverita didyma (Röding, 1798)

门	软体动物门　Mollusca
纲	腹足纲　Gastropoda
目	滨螺形目　Littorinimorpha
科	玉螺科　Naticidae
属	扁玉螺属　*Neverita*

　　俗称香螺、肚脐菠萝。贝壳呈半球形，坚厚，背腹扁而宽。壳顶低矮，螺旋部较短，体螺层宽度突然加大。壳面光滑无肋，生长纹明显。壳面呈淡黄褐色，壳顶为紫褐色，基部为白色。在每一螺层的缝合线下方有一条彩虹样的褐色色带。壳口卵圆形，外唇薄，呈弧形；内唇滑层较厚，中部形成与脐相连接的深褐色胼胝，其上有一明显的沟痕，脐孔大而深。扁玉螺为我国沿海常见的种类，生活于潮间带至水深50 m左右的沙和泥沙质的海底，通常在低潮区至10 m左右水深处生活，常潜入水底猎取其他贝类为食物。扁玉螺营养价值高、味道鲜美，其贝壳可供观赏，制作成工艺品，是贝类养殖种最重要和最有发展前景的品种之一。

棒锥螺

Turritella bacillum Kiener, 1843

壳口外唇较薄，近后缘有浅的"V"形缺口。贝壳高，呈尖锥形，结实，壳高134 mm，宽27 mm。螺层较多，成体螺层达28层。通常生活在潮间带至水深40 m泥沙质海底。主要分布在我国渤海、东海、南海海域。可食用，是南方沿海群众喜爱捕食的海产贝类之一，也是鱼、虾、蟹类良好的天然饵料。棒锥螺具有一定的药用价值。该物种对重金属有一定的富集能力，长期食用可能会对健康造成危害；根据棒锥螺体内有机氯农药的含量可以判断海洋污染状况。

门	软体动物门	Mollusca
纲	腹足纲	Gastropoda
目	*	
科	锥螺科	Turritellidae
属	锥螺属	*Turritella*

毛蚶

Anadara kagoshimensis (Tokunaga, 1906)

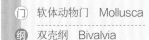

门	软体动物门	Mollusca
纲	双壳纲	Bivalvia
目	蚶目	Arcoida
科	蚶科	Arcidae
属	粗饰蚶属	*Anadara*

俗称毛蛤、麻蛤、丝蛤。毛蚶贝壳较坚固，壳长4~5 cm。壳表白色，被以棕色毛状壳皮，物种因此得名。外壳有粗大的放射肋，31~34条。广温广盐性的埋栖型贝类，活动能力不强，生长在近岸及河口地区水深20 m以内的泥沙底质中，栖息地通常是稍有淡水流入的内湾或者较为平静的浅海。分布于我国南北各海域，以及日本、韩国、东南亚等国近海水域。毛蚶属于滤食性贝类，自然状态下主要以滤食水中的浮游植物为主，每小时滤水量可达5 L左右。毛蚶是重要的食用经济贝类，是中、日、韩三国重要的经济贝类。我国辽东半岛、渤海湾以及黄海大陆架区域均是毛蚶的主产区。

青蚶
Barbatia virescens (Reeve, 1844)

贝壳大型；呈近长卵形或近长方形，中部稍扁，前部细短，后部长且扩张。壳顶稍凸出，位于前端近1/4处。壳表具细密放射肋，肋在后部变强壮但不规则；同心生长纹微弱、稀疏。壳面呈浅绿色，壳内面呈淡蓝色，具光泽。铰合齿数目多，中间者细小、密集，后部者粗大。前、后肌痕皆圆形，前者小。

青蚶生活在潮间带到数十米深的浅海区，以足丝附着在岩礁的缝隙或其他基质上。本种在我国浙江嵊山以南沿海较常见。在日本、菲律宾、越南也有分布。

门	软体动物门　Mollusca
纲	双壳纲　Bivalvia
目	蚶目　Arcoida
科	蚶科　Arcidae
属	须蚶属　*Barbatia*

泥蚶

Tegillarca granosa (Linnaeus, 1758)

门	软体动物门 Mollusca
纲	双壳纲 Bivalvia
目	蚶目 Arcoida
科	蚶科 Arcidae
属	泥蚶属 *Tegillarca*

　　别名血蚶。贝壳大型，壳长 31 mm；呈近卵形，壳质坚厚，两壳膨胀。壳顶膨大、突出，近前方。壳前端短，后部稍长，前后缘均呈圆形；壳表具粗壮的放射肋 17~20 条，肋上有大而稀疏的结节；生长轮脉在腹缘明显，鳞片状。壳面呈白色，被棕色或黄棕色壳皮，光滑无毛状物；壳内面白色或略带灰色，边缘具强壮锯齿状突起；铰合部宽直，铰合齿细密；前肌痕较小，后肌痕大，呈方圆形。

　　泥蚶生活在潮间带到潮下带浅水区（0~55 m）的软泥底质中，常在淡水注入处。广泛分布于印度洋—西太平洋海域，为我国南北沿海常见种。

紫贻贝

Mytilus galloprovincialis Lamarck, 1819

俗称海红。壳楔形，前端尖细，后端宽圆，壳长6~8 cm，壳长小于壳高2倍。壳面紫黑色，具有光泽，生长纹细密而明显，自顶部起呈环形生长。壳内面灰白色，边缘部为蓝色，有珍珠光泽。紫贻贝广泛分布于我国辽宁、广东、浙江、福建等沿海地区，生活在浅海，以足丝附着在岩礁上。紫贻贝为变温动物，生长与水温存在密切关系，春夏季是紫贻贝生长的关键时期。春夏季持续相对低温可影响紫贻贝的产量。紫贻贝以滤食海水中的浮游生物和有机碎屑为生。紫贻贝生命力强，繁殖力高，我国沿海近年大力发展人工养殖。紫贻贝肉味鲜美，营养丰富，素有"海中鸡蛋"之美称，肉晒干了便是人们熟知的淡菜。目前，国外如东北亚、东南亚等除紫贻贝鲜销，还将其制成蒸煮、焙烤、罐头、烟熏和冷冻等类型食品。

门	软体动物门 Mollusca
纲	双壳纲 Bivalvia
目	贻贝目 Mytilida
科	贻贝科 Mytilidae
属	贻贝属 *Mytilus*

厚壳贻贝
Mytilus unguiculatus Valenciennes, 1858

门	软体动物门	Mollusca
纲	双壳纲	Bivalvia
目	贻贝目	Mytilida
科	贻贝科	Mytilidae
属	贻贝属	*Mytilus*

贝壳大型，壳质坚厚，呈楔形。壳顶尖细，位于壳的最前端，或略弯向腹面。壳背缘弯，有明显背角；腹缘略直；后缘较圆。壳表粗糙、无放射肋，具细密生长纹。壳面呈黑褐色，壳顶壳皮常脱落而呈白色，壳内面光滑，呈浅灰蓝色。铰合部较窄。足丝孔位于腹面，不显。足丝细软，较发达。

厚壳贻贝栖息于潮间带至水深20 m处，以足丝附着于岩石或其他硬基质上。分布于我国黄海、渤海、东海和南海。日本北海道、韩国济州岛也有分布。

翡翠贻贝

Perna viridis (Linnaeus, 1758)

别名绿壳菜蛤、壳菜、青口。贝壳大型，壳形近似于厚壳贻贝，但壳质较前种薄，结实。壳呈楔形，壳质略薄，壳顶多弯向腹缘，腹缘略显平直，壳前端较细，后端宽圆。壳面具较低平的隆肋及细密的生长纹。壳表光滑具光泽，多呈绿褐色，色彩鲜艳；壳内面白瓷状，具光泽。足丝细，较发达。外套缘厚，具突起。无前闭壳肌痕。

翡翠贻贝生活在低潮线至水深约20 m处，以5~6 m海域生长最为密集。暖水性种，广布于印度洋—西太平洋热带及亚热带海域，我国主要分布在东海南部及南海。

门	软体动物门	Mollusca
纲	双壳纲	Bivalvia
目	贻贝目	Mytilida
科	贻贝科	Mytilidae
属	股贻贝属	*Perna*

长偏顶蛤

Jolya elongata (Swainson, 1821)

门	软体动物门	Mollusca
纲	双壳纲	Bivalvia
目	贻贝目	Mytilida
科	贻贝科	Mytilidae
属	偏顶蛤属	*Jolya*

　　贝壳中等至稍大，略呈长方形。壳质薄。壳顶近前端，明显突出于壳背缘；腹缘稍直，背缘直长，后缘窄、圆。壳面具明显隆肋，呈褐色，具光泽。生长纹细密，明显。壳内面多呈淡蓝色，肌痕略显。铰合部无齿，韧带长，一般长于壳长的2/3。足丝细软，外套薄，外套缘稍厚。前闭壳肌小，弯月形；后闭壳肌大，近圆形。

　　长偏顶蛤生活在潮下带至水深百米以内的泥沙、软泥及沙质泥底质。为暖水性广布种，多分布于印度—西太平洋的中部和西部，我国见于南北沿海；也见于日本、菲律宾、泰国湾等地海域。

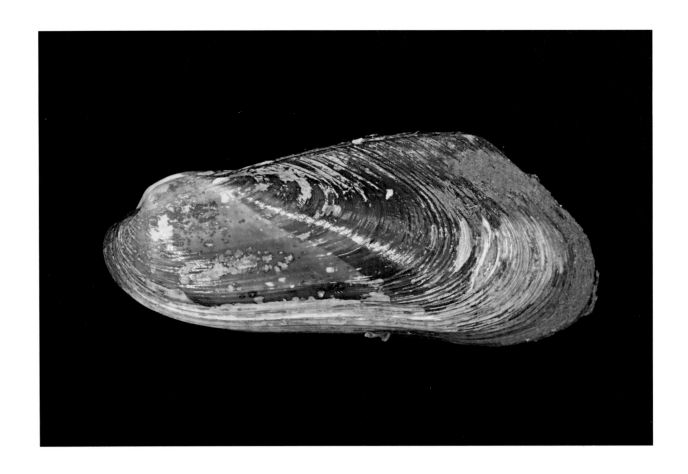

栉江珧
Atrina pectinata (Linnaeus, 1767)

别名江珧、牛角江珧蛤。贝壳大型，呈三角形，壳质薄、韧。壳顶尖细，位于壳最前端。背缘直或略凹；腹缘前半部较直，后半部呈弧形；后缘直或略呈截形。壳面有10条放射肋，肋上具三角形小棘，小棘在壳后端尤其明显。壳多呈浅褐色或褐色，壳顶部常因磨损而露出珍珠光泽。壳内面颜色与壳表略同。韧带极细长，褐色，其高度与背缘相等。前闭壳肌小，后闭壳肌大。足丝细长，具光泽，极发达。

栉江珧生活在潮下带至水深百米以内的泥沙海底。

为暖水性广布种，习见于印度洋—西太平洋海域，我国南北沿海均有分布。

门	软体动物门	Mollusca
纲	双壳纲	Bivalvia
目	牡蛎目	Ostreida
科	江珧科	Pinnidae
属	栉江珧属	*Atrina*

马氏珠母贝

Pinctada imbricata Röding, 1798

门	软体动物门 Mollusca
纲	双壳纲 Bivalvia
目	牡蛎目 Ostreida
科	珍珠贝科 Pteriidae
属	珠母贝属 *Pinctada*

别名合浦珠母贝。贝壳大型，略呈正方形。两壳不等，左壳凸，右壳平。壳面具数条褐色放射线，生长线细密、片状，易脱落。贝壳呈淡黄褐色，壳内面中部具厚的珍珠层，银白色。铰合部直，具小齿；韧带细长，紫褐色。足丝绿色，发达。

马氏珠母贝栖息在低潮线至水深10 m左右的浅海。为暖水性广布种，我国主要分布在南部沿海。

嵌条扇贝

Pecten albicans (Schröter, 1802)

别名白碟海扇蛤。贝壳大型，壳质稍薄、坚韧，呈圆扇形，较大个体壳长达 100 mm，壳高 85 mm。壳两侧略等，两壳不等。两耳略等，无足丝孔和栉齿。壳表具 10 条左右的宽放射肋；放射肋呈圆形，光滑无小棘。壳表呈白色至淡红色，有些个体壳顶处略显淡红色；壳内面色浅。肌痕略显，呈椭圆形。

嵌条扇贝栖息在潮下带稍深一些的水域的泥沙或软泥底。为温水种，分布于太平洋东西两岸，我国分布于黄海和东海。日本也有分布。

门	软体动物门 Mollusca
纲	双壳纲 Bivalvia
目	扇贝目 Pectinida
科	扇贝科 Pectinidae
属	扇贝属 *Pecten*

中国不等蛤
Anomia chinensis Philippi, 1849

门	软体动物门 Mollusca
纲	双壳纲 Bivalvia
目	扇贝目 Pectinida
科	不等蛤科 Anomiidae
属	不等蛤属 *Anomia*

贝壳小型，壳形有变化，多呈圆形，壳质薄，小个体壳呈半透明。壳顶尖且低。两壳及壳两侧均不等，右壳平，左壳略凸，稍大于右壳。壳表具有不规则的细放射肋。左、右两壳颜色不同，右壳呈白色至青白色；左壳呈橘红色或金黄色，略具珍珠光泽。壳内面色浅，具光泽。铰合部无齿；韧带小，褐色。

栖息于潮间带中、下区或低潮线下浅水区。为广温性种类，广布于日本北海道以南至东南亚一带，我国见于南北沿海潮间带。

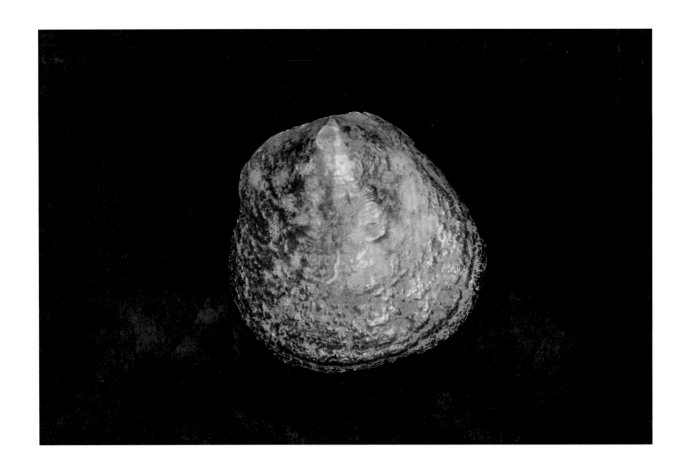

近江巨牡蛎

Crassostrea ariakensis (Wakiya, 1929)

贝壳大型，厚重；壳形随附着基质而变化，呈长卵圆形至三角形。左壳稍大，中间下陷；右壳平，壳面黄褐色或紫褐色，壳表环生鳞片翘起。

在我国南北沿海广泛分布，主要生长于江河入海口或低盐度的海湾，物种因此得名。主要附着在礁石上，形成的牡蛎礁具有多重生态功能，可以为海洋生物提供了栖息地和避难所、净化海洋水体以及加速水体和沉积物之间的能量循环，同时还可以防止海岸线被侵蚀。近江巨牡蛎可以作为多种重金属的指示生物。如近江巨牡蛎对海水中锌的积累是净积累型，体内富含锌的量与水环境中锌浓度存在简单的线性关系，能够准确反映水域中锌污染的状况，是比较理想的锌污染指示生物，也可作为铜和铬的指示生物。

门	软体动物门	Mollusca
纲	双壳纲	Bivalvia
目	牡蛎目	Ostreida
科	牡蛎科	Ostreidae
属	巨牡蛎属	*Crassostrea*

近江牡蛎
Magallana ariakensis (Fujita, 1913)

门	软体动物门	Mollusca
纲	双壳纲	Bivalvia
目	牡蛎目	Ostreida
科	牡蛎科	Ostreidae
属	牡蛎属	*Magallana*

别名赤蚝、红蚝。贝壳大型、壳质厚重；壳态多有变化，常呈卵圆形或长形。两壳不同，左壳稍大，中凹；右壳平，壳面环生同心鳞片，无放射肋。壳面呈淡紫色，壳内面白色，边缘及闭壳肌痕呈淡紫色。

近江牡蛎多栖息于我国沿海河口附近低潮线以下至水深10余米处。

为广温广盐性种类，日本也有分布。

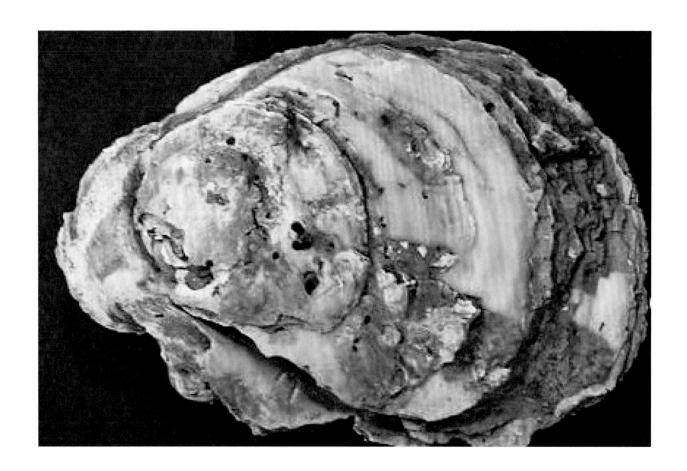

密鳞牡蛎

Ostrea denselamellosa Lischke, 1869

　　别名蚝蛎子、拖鞋牡蛎。贝壳大型，壳质厚重；壳形扁平，多呈近圆形或近正方形。壳面密生鳞片，无小棘，附着面小；放射肋在两壳不同，左壳具粗大放射肋，右壳放射肋不明显。壳缘呈明显锯齿状。两壳颜色不同，右壳面灰色，左壳面多紫色，壳内面白色。韧带槽三角形。闭壳肌痕近中央，新月形。

　　密鳞牡蛎栖息在低潮线至水深十几米的浅水区。

　　为西太平洋特有种，我国见于全国沿海。日本也有分布。

门	软体动物门	Mollusca
纲	双壳纲	Bivalvia
目	牡蛎目	Ostreida
科	牡蛎科	Ostreidae
属	牡蛎属	*Ostrea*

秀丽波纹蛤

Raeta pulchella (Adams & Reeve, 1850)

门	软体动物门 Mollusca
纲	双壳纲 Bivalvia
目	帘蛤目 Venerida
科	小鸭嘴蛤科 Anatinellidae
属	勒特蛤属 *Raeta*

　　贝壳小型；壳质极其薄脆，半透明状；呈三角形或椭圆形。壳前端圆形，腹缘弧形，后缘细而略尖，微开口。壳顶尖细，凸出于背部中央；壳面具粗的波纹状同心肋，以及细的生长纹。壳表白色，近壳缘处略显淡黄色；壳内面白色，略具光泽，有与壳面对应的波纹。外韧带小，极薄；内韧带较大，呈三角形。外套窦不明显。

　　秀丽波纹蛤栖息在低潮线至水深90 m浅海区的软泥或细泥沙中。

　　印度洋—西太平洋海域广布种，分布于我国沿海。日本、东南亚等海域也有分布。

河蚬
Corbicula fluminea (O. F. Müller, 1774)

别名黄蚬、沙蜊。壳厚而坚硬，呈正三角形。成年个体多数壳长2~3 cm，壳高1.5~2 cm，湿重5~10 g。壳面常呈棕黄、黄褐或漆黑等色，有光泽。河蚬环境适应能力较强，广泛分布于全球范围内的湖泊、河渠、池塘及咸淡水交汇的河口区。

河蚬适温范围9~24 ℃，低于5 ℃则停止摄食活动，高于32 ℃可导致大量死亡。在自然状态下，河蚬杂食性，摄食底栖藻类、浮游生物和有机碎屑等，以鳃过滤的方式取食。物种同时为青鱼、乌鳢、鳖等水生生物的捕食对象。

河蚬肉味鲜美、营养丰富，不但在国内受到人们喜爱，自20世纪90年代开始已出口日本、韩国及部分东南亚国家。同时河蚬具有一定的药用价值，具有明目、利尿、去湿毒等功效。也可作为家禽或水产养殖用饲料及肥料。20世纪80年代初期河蚬年产量达320000 t，90年代初减少至212900 t，至2012年资源量降低至50000 t。21世纪初，河蚬的人工繁育技术已被突破。目前河蚬的增养殖在国内较为普遍，通常包括开放水体增殖和网围增殖两种方法，网围增殖时河蚬通常和中华绒螯蟹、鲢、鳙等混养。

将河蚬作为受试生物进行化学品毒性测定或指示环境中污染物超标的研究有了较多积累，已获得物种对于重金属、有机和无机污染物的耐受性、行为和生理生化响应特征等结论，此种研究基础为后续利用河蚬作为环境指示生物奠定了重要的基础。

门	软体动物门	Mollusca
纲	双壳纲	Bivalvia
目	帘蛤目	Venerida
科	蚬科	Cyrenidae
属	蚬属	*Corbicula*

西施舌

Mactra antiquata (Spengler, 1802)

门	软体动物门	Mollusca
纲	双壳纲	Bivalvia
目	帘蛤目	Venerida
科	蛤蜊科	Mactridae
属	蛤蜊属	*Mactra*

别名车蛤、土匙、沙蛤。贝壳大型，壳质薄，近三角形。壳顶略尖，位于背部近中央。贝壳前端圆，后端稍尖，腹缘圆。小月面略凹，界限不清；楯面披针形，界限清晰。壳表具细密明显的生长纹，壳顶部光滑。贝壳呈淡黄色或黄白色，被丝绢状光泽的壳皮。壳顶部呈紫色，向腹缘逐渐变浅。壳内面淡紫色。铰合部长，外韧带小，黄褐色；内韧带棕黄色，极发达。外套痕明显。

多栖息在潮间带中、低潮区的细沙滩中。

我国南北沿海均有分布。也见于日本和印度半岛。

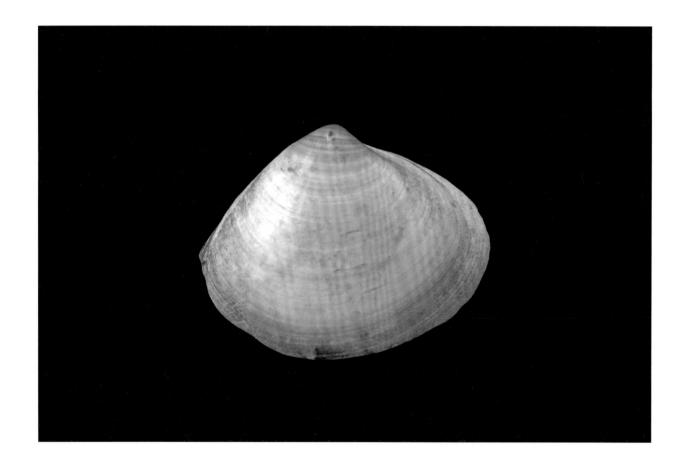

四角蛤蜊

Mactra quadrangularis Reeve, 1854

俗名白蚬子、泥蚬子。贝壳坚厚，略呈方形。主要分布于我国黄海和渤海南部海域，是潮间带常见底栖经济贝类。属于埋栖种类，埋栖深度5~10 cm，采挖时鳃腔中带有较多泥沙。最适宜生长水温18~30 ℃，盐度20‰~25‰。滤食性，喜食单细胞藻类及原生动物。一年可繁殖2~3次。虽然经济价值不如文蛤或青蛤，但营养价值和口感较好。四角蛤蜊对重金属的积累较为明显，食用此物种时应注意污染问题，重金属含量应符合限量标准。四角蛤蜊可以作为重金属污染和海洋石油烃监测指示物。四角蛤蜊也有一定的药用价值，其肉味咸寒，具滋阴、利水、化痰等功效，其多糖和多肽等提取物具有明显的抗氧化、降血糖和增强免疫力等作用。

门	软体动物门	Mollusca
纲	双壳纲	Bivalvia
目	帘蛤目	Venerida
科	蛤蜊科	Mactridae
属	蛤蜊属	*Mactra*

中日立蛤

Meropesta sinojaponica Zhuang, 1983

门	软体动物门	Mollusca
纲	双壳纲	Bivalvia
目	帘蛤目	Venerida
科	蛤蜊科	Mactridae
属	立蛤属	*Meropesta*

贝壳大型，壳质薄、膨胀，呈长卵圆形。壳顶圆，位于背部近中央。前端圆，中后端逐渐侧扁，末端略尖，后端开口。壳表被有黄褐色或红褐色呈皱褶状的壳皮，有不规则的细放射条纹，生长纹不明显。壳内面白色，略具光泽。韧带槽匙状，内韧带大。铰合部窄长。外套痕明显，外套窦深。

多栖息在潮间带，水管长，埋栖较深。

分布于我国南北沿海。国外海域分布情况目前未见报道。

彩虹明樱蛤

Iridona iridescens (Benson, 1842)

别名彩虹樱蛤、虹光亮樱蛤、梅蛤、扁蛤、海瓜子。贝壳小型，壳质薄脆，多呈三角形或略近椭圆形。壳前、后端均稍开口。壳顶略凸出，多稍靠背缘后方。外韧带凸，呈黄褐色。壳表呈白色且略带粉红色，光滑具光泽；生长纹细密，无放射肋，仅在壳后端有一小纵褶。壳内面呈白色，闭壳肌痕明显；外套窦深。铰合部较窄，两壳各具两枚主齿，左壳的前主齿和右壳的后主齿较大且分叉。

常栖息在潮间带低潮线至潮下带 20 cm 浅水水域。

为暖水性种类，我国见于渤海、黄海和东海。也分布于日本、朝鲜、菲律宾及泰国等地海域。

门	软体动物门	Mollusca
纲	双壳纲	Bivalvia
目	鸟蛤目	Cardiida
科	樱蛤科	Tellinidae
属	彩虹蛤属	*Iridona*

理蛤
Theora lata (Hinds, 1843)

（门）	软体动物门　Mollusca
（纲）	双壳纲　Bivalvia
（目）	鸟蛤目　Cardiida
（科）	双带蛤科　Semelidae
（属）	理蛤属　*Theora*

贝壳小型；壳质薄，半透明。呈椭圆形，扁平。壳顶微显，稍偏向前端。壳前缘圆，后缘较细，腹缘呈弧形。壳表光滑，无放射肋，具细密生长纹。壳面呈白色或淡黄色，富有光泽；壳内面呈白色。外套窦长，超过壳的中部，顶端斜截形，腹缘大部与外套线愈合。

理蛤生活在潮间带水深9~50 m的泥沙和软泥中。

分布于我国黄海、渤海和东海。也分布于日本和泰国湾。

紫彩血蛤
Nuttallia olivacea (Jay, 1857)

别名橄榄血蛤。贝壳中等大，壳形呈圆形或椭圆形。两壳不等，两侧略不等，右壳较凸，左壳稍扁平。壳顶略凸，近壳背缘中央。外韧带明显凸，呈深褐色。壳表色彩艳丽，多呈浅棕色、浅紫褐色或橄榄色，光滑具光泽，有些个体自壳顶有两条向腹缘延伸的浅色放射带。壳内面浅紫色。闭壳肌痕明显，前肌痕细长，后肌痕近圆形；外套窦宽而长。铰合部发达，两壳各有两枚主齿。水管发达。

紫彩血蛤多栖息在潮间带中、下潮区的沙滩上，潜沙深度为30~50 cm。

为暖温性种类，常见于我国南北沿海。目前国外仅报道见于鄂霍次克海及日本海。

门	软体动物门	Mollusca
纲	双壳纲	Bivalvia
目	鸟蛤目	Cardiida
科	紫云蛤科	Psammobiidae
属	圆滨蛤属	*Nuttallia*

双线紫蛤
Hiatula diphos (Linnaeus, 1771)

门	软体动物门 Mollusca
纲	双壳纲 Bivalvia
目	鸟蛤目 Cardiida
科	紫云蛤科 Psammobiidae
属	紫蛤属 *Hiatula*

贝壳大型，椭圆形，壳前后端均开口。壳顶略凸，近背缘前方；壳前端圆，后端截形。外韧带明显突出，褐色。壳表被橄榄绿色有光泽的壳皮；自壳顶斜向后方可见两条浅色放射带。壳内面呈浅灰紫色或近白色，光滑具光泽。闭壳肌痕略显，前肌痕长形，后肌痕圆形。外套窦长而宽；铰合部发达，两壳各有2枚粗壮主齿。

双线紫蛤多栖息在潮间带中、下区以及河口区的细沙滩内，一般潜沙深度30 cm。

暖水性种类，广布于印度洋—西太平洋海域，我国南北沿海均有分布。

缢蛏

Sinonovacula constricta (Lamarck, 1818)

俗称蛏子。贝壳脆而薄，呈长扁方形，淡黄褐色，自壳顶到腹缘，有一道斜行的凹沟，故名缢蛏。广温广盐性贝类。在我国辽宁、山东、浙江、福建等沿海均有分布，东南沿海的浙江和福建是缢蛏的主要养殖区。缢蛏栖息在潮间带至浅海沙泥底，以强而有力的锚形斧足直立生活，将身体大部分埋入沙泥中，通过滤食海水中的浮游植物及有机碎屑，吞食滩涂上的底栖硅藻生活。若遇危险环境时，物种自割其出、入水管，并迅速将身体全部埋入沙泥之中。缢蛏壳薄肉多，味道鲜美，营养价值高，深受消费者喜爱，国内已有较大规模人工养殖，物种已成为我国四大海水养殖贝类之一。年产量约80万 t，年产值达160多亿元，养殖面积近5.8万 hm²。

门	软体动物门　Mollusca
纲	双壳纲　Bivalvia
目	帘蛤目　Venerida
科	截蛏科　Solecurtidae
属	缢蛏属　*Sinonovacula*

大竹蛏

Solen grandis Dunker, 1862

门	软体动物门	Mollusca
纲	双壳纲	Bivalvia
目	帘蛤目	Veneroida
科	竹蛏科	Solenidae
属	竹蛏属	*Solen*

别名蛏子。贝壳大型，呈竹筒状，一般壳长为壳高的4~5倍。壳质薄脆，前后端开口。壳顶不明显，位于背缘最前端，壳前端呈截形，后端近圆形，背、腹缘平直，仅在腹缘中部略凹。壳表具明显生长纹，平滑无放射肋。壳面被有一层有光泽的黄褐色壳皮，常具淡红色的彩色带。壳内面白色，常见淡红色或紫色的彩带。铰合部短小，两壳各具一枚主齿。闭壳肌痕明显，前肌痕细长，后肌痕近三角形，外套痕明显，外套窦略呈三角形。

栖息在潮间带中、下区和浅海的泥沙滩底，埋栖深度30~40 cm。

广布种，分布于我国南北沿海。也见于西太平洋海区。

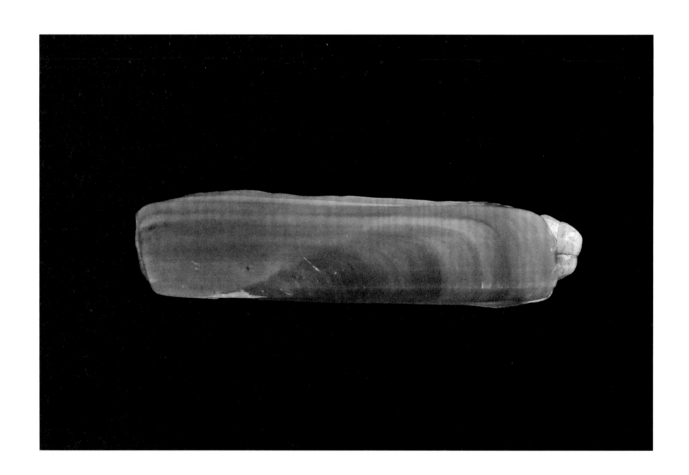

长竹蛏

Solen strictus Gould, 1861

别名竹蛏。贝壳大型，细长。壳质薄脆，两壳相等。贝壳前端斜截形，后端近圆形；背、腹缘平直，仅在腹缘中部稍向内凹。壳顶不明显，位于背缘最前端。韧带窄而长，黄褐色或黑褐色。壳表光滑，具明显的生长线，被一层具光泽的黄褐色壳皮。壳内面白色或淡黄褐色；铰合部小，两壳各具一枚主齿。前闭壳肌痕极细长，后闭壳肌痕近三角形；外套痕明显，外套窦略呈半圆形。

长竹蛏常栖息于中潮区至浅海的沙泥质或沙质海底，潜沙深度为20~40 cm。

广布种，分布于我国南北沿海。也见于日本、朝鲜。

门	软体动物门	Mollusca
纲	双壳纲	Bivalvia
目	帘蛤目	Veneroida
科	竹蛏科	Solenidae
属	竹蛏属	*Solen*

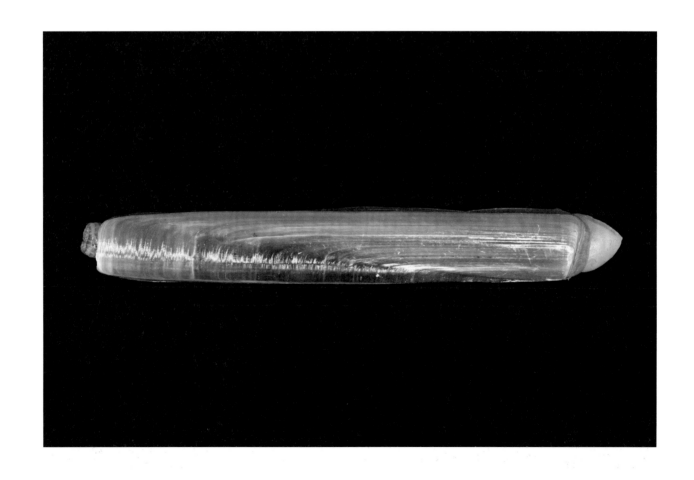

小刀蛏
Cultellus attenuatus Dunker, 1862

门	软体动物门	Mollusca
纲	双壳纲	Bivalvia
目	帘蛤目	Veneroida
科	刀蛏科	Cultellidae
属	刀蛏属	*Cultellus*

别名料撬、剑蛏。贝壳大型，壳长可达80 mm，壳高26 mm，壳宽13 mm。壳质薄脆。壳侧扁，前端圆，略膨大，后端逐渐变细窄。壳顶略凸出于背缘靠前方。韧带明显，黑色，近等腰三角形。壳面被一层淡黄褐色壳皮，光滑，具光泽；壳表具细密生长纹，在壳顶部不明显，向下至腹缘处逐渐清晰，有时呈褶皱状。壳内面白色或略呈粉红色；铰合部小，右壳有2枚主齿，左壳有3枚主齿；前闭壳肌痕小，卵圆形；后闭壳肌痕大，近三角形。

栖息于潮间带至水深约100 m的浅海区。

广布种，见于我国南北沿海。也分布于日本、菲律宾、马达加斯加等地海域。

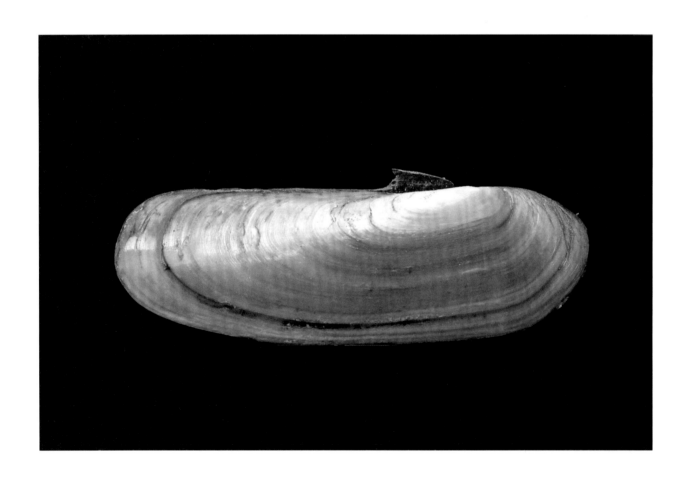

小荚蛏
Siliqua minima (Gmelin, 1791)

外壳呈椭圆形，壳质薄，前端明显大于后端。壳顶位于前方，韧带凸出，黑褐色。壳表黄白色或灰白色，被黄褐色壳皮，壳内面灰白色，壳顶下方有1条向腹缘延伸的纵肋。前闭壳肌痕近梨形，后闭壳肌痕近三角形。小荚蛏主要分布于浙江以南沿海泥滩，在马来西亚、菲律宾沿海泥滩也有分布。它是中国沿海的习见贝类，生活于潮间带至浅海30余米水深的海底，底质为软泥或泥沙，通过滤水作用摄食海水中的浮游生物和有机碎屑。小荚蛏是一种广温广盐性的埋栖型贝类，生存适温范围为0~25 ℃，适盐范围为10‰~40‰。小荚蛏是一种高蛋白、低脂肪、氨基酸和硒含量丰富的海产品，并富含钠、钾、磷、钙、镁、铁、锌、锰等多种无机元素。由于其肉味鲜美，越来越多地受到人们的青睐，是一种具有较大养殖开发前景的贝类。

门	软体动物门 Mollusca
纲	双壳纲 Bivalvia
目	帘蛤目 Venerida
科	刀蛏科 Pharidae
属	荚蛏属 *Siliqua*

青蛤

Cyclina sinensis (Gmelin, 1791)

门	软体动物门	Mollusca
纲	双壳纲	Bivalvia
目	帘蛤目	Venerida
科	帘蛤科	Veneridae
属	青蛤属	*Cyclina*

别名赤嘴仔、赤嘴蛤、环文蛤、海蚬。贝壳中等大小，壳高大于壳长，近圆形，壳质坚厚，较膨胀。壳顶位于背缘中部，向前弯曲。壳前后端均斜圆。生活个体壳面多呈黑色或紫灰色，干制标本多为棕黄色。小月面和楯面均不清晰。壳内面白色。铰合部宽，前部稍短，后部很长，具3枚主齿。前闭壳肌痕较小，后闭壳肌痕大，外套痕清晰，外套窦深。

青蛤生活于潮间带，以中、下潮区数量较多。

为广温、广盐性种类，分布于我国南北沿海。日本、朝鲜、越南和菲律宾也有分布。

丽文蛤

Meretrix lusoria (Röding, 1798)

贝壳大型，壳质坚厚，呈三角卵圆形。壳形和文蛤相似，区别之处为本种壳后缘显著比前缘长，后侧缘末端尖。壳顶位于背缘中央近前方。壳前端圆、后端尖，腹缘弧形。较大个体小月面明显，小个体不明显；楯面宽大。韧带短粗，棕褐色。壳表被一层乳黄色或乳白色具光泽壳皮，具较多变化的棕色色带斑点、线和斑纹。壳内面白色、具光泽，后部边缘呈紫褐色。齿式与文蛤相似。

生活在潮间带和浅海沙质海底。

狭分布种，目前我国只见于浙江。日本和朝鲜也有分布。

门	软体动物门	Mollusca
纲	双壳纲	Bivalvia
目	帘蛤目	Venerida
科	帘蛤科	Veneridae
属	文蛤属	*Meretrix*

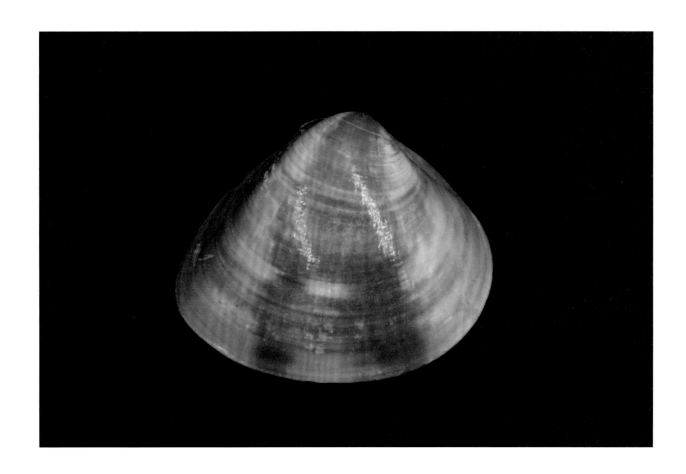

文蛤

Meretrix meretrix (Linnaeus, 1758)

门	软体动物门	Mollusca
纲	双壳纲	Bivalvia
目	帘蛤目	Venerida
科	帘蛤科	Veneridae
属	文蛤属	*Meretrix*

俗称花蛤、黄蛤、车螺。体略呈三角形，体长3~10 cm，高2~8 cm，壳厚1.5~5 mm。外壳灰白色，布有棕色或银灰色的轮纹。文蛤地理分布较广，是中国、朝鲜和日本常见的经济贝类，在我国南北沿海均有分布。一般生活在河口附近沿岸的潮间带以及浅海区的细沙或泥沙滩中，其中江苏省如东县滩涂养殖区是中国最主要的文蛤产地之一。文蛤以浮游或底栖硅藻为主要饵料，间或摄食浮游植物、原生动物、无脊椎动物幼虫以及有机碎屑等。近年来，文蛤人工养殖发展迅速，年产量达30万t。

菲律宾蛤仔
Ruditapes philippinarum (Adams & Reeve, 1850)

别称花蛤、蛤蜊、蚬子等。分布范围十分广泛，包括太平洋东北部和大西洋东岸等区域。不同区域菲律宾蛤仔壳内外颜色、花纹等形态特征存在差异。广温广盐性种类，壳长 2.5~4 cm，主要滤食海水中的浮游植物。菲律宾蛤仔营埋栖生活，拥有发达的斧足，用以挖掘泥沙，其穴居深度可达数十厘米。物种具有发达的水管系统，当栖息于沉积物内部时，可将水管伸出底质用以交换海水。菲律宾蛤仔生长速度快，营养价值高，肉质鲜美，具有较高的经济价值。是我国单种产量最高的养殖贝类，也是我国四大养殖贝类之一，年产量约为300万 t，约占全球总产量的90%。

门	软体动物门	Mollusca
纲	双壳纲	Bivalvia
目	帘蛤目	Venerida
科	帘蛤科	Veneridae
属	蛤仔属	*Ruditapes*

中国仙女蛤

Callista chinensis (Holten, 1802)

门	软体动物门	Mollusca
纲	双壳纲	Bivalvia
目	帘蛤目	Venerida
科	帘蛤科	Veneridae
属	仙女蛤属	Callista

别名中华长文蛤。贝壳中等大，壳质坚实，呈斜卵圆形。壳前后两侧不等。前端钝圆，腹缘圆，后端略尖。壳顶凸出，弯向前方。壳表呈淡紫色，具浅黄棕色具光泽的壳皮，以及多条宽而不连续的放射状紫色色带。生长纹细密，扁平，排列多不规则。小月面楔形，光滑，界限清晰；楯面界限不清晰。韧带略突出壳面，呈黄棕色。壳内面白色，具光泽。铰合部略窄，左壳有1枚粗壮的前侧齿，与中央主齿呈"Λ"形排列；右壳有2枚前侧齿，前主齿与中央主齿并列，顶端不相连。前闭壳肌痕马蹄形，后闭壳肌痕梨形；外套痕明显，外套窦宽大，近圆形。

栖息在潮间带下部至浅海的沙质海底。

暖水性种类，分布于我国浙江南麂列岛以南至广东、北部湾。日本及西太平洋也有分布。

歧脊加夫蛤

Gafrarium divaricatum (Gmelin, 1791)

别名歧纹帘蛤。贝壳中等大，壳质坚厚，两壳侧扁，呈三角卵圆形。壳顶略扁平，不突出。壳前、后端和腹缘均圆。壳面颜色多有变化，呈黄棕色或灰黄色，通常有两条纵向不规则花纹的栗色带斑。生长纹细密，在壳后部隐约可见斜行的放射状突起。小月面长，不凹陷；楯面窄，凹陷；韧带大部分没入壳内。壳内面呈白色，顶部和后端呈深紫色，中央区常有棕色斑。铰合部小，两壳均有3枚主齿，左壳前侧齿大；右壳有2枚前侧齿。前后闭壳肌痕及外套痕均清晰，外套窦极浅。

歧脊加夫蛤为暖水性种类，广布于印度洋—西太平洋海域，我国常见于浙江、福建、台湾、广东、广西和海南。

本种为我国福建以南海岸带的习见种，具有一定的资源量。肉味鲜美，水产品市场常见。

门	软体动物门　Mollusca
纲	双壳纲　Bivalvia
目	帘蛤目　Venerida
科	帘蛤科　Veneridae
属	加夫蛤属　*Gafrarium*

波纹巴非蛤

Paratapes undulatus (Born, 1778)

门	软体动物门	Mollusca
纲	双壳纲	Bivalvia
目	帘蛤目	Venerida
科	帘蛤科	Veneridae
属	巴非蛤属	*Paratapes*

别名波纹横帘蛤、杧果贝。贝壳大型，长卵圆形，侧扁。壳顶不突出，近中部偏后方。贝壳前、后端圆，腹缘较直。壳面呈浅黄棕色，有些个体近腹缘处呈紫色，常被有一层具光泽的壳皮，并密布不规则的紫色波纹。小月面和楯面均呈白色，其上有紫色条纹。韧带长，黄棕色。壳内面呈白色或略带紫色。铰合部小，左壳具3枚分散排列的主齿；右壳前主齿薄，中央主齿高，后主齿分叉。前、后闭壳肌痕梨形；外套痕清晰，外套窦浅。

栖息于泥沙底质的低潮线下0.5~44 m水深的沙质海底。

波纹巴非蛤为暖水性种类，我国分布在浙江以南近海海域。

锯齿巴非蛤

Protapes gallus (Gmelin, 1791)

贝壳大型，壳形有变化，多呈三角形，壳后部有的个体较长，有的很短。壳顶宽，位于壳顶中央近前方。贝壳前端较尖、圆，腹缘在壳后区有屈曲，后端略钝。壳表具明显、排列整齐的生长纹。壳面呈黄棕色，具多条不连续的棕色色带或锯齿状花纹。小月面大，楯面长，界限不清晰，韧带呈黄棕色。壳内面周缘白色，中央橘红色。

栖息在潮间带和浅海的泥沙底质。

为暖水性种类，广布于印度洋—太平洋海域，我国见于浙江、福建、广东和海南。

门	软体动物门	Mollusca
纲	双壳纲	Bivalvia
目	帘蛤目	Venerida
科	帘蛤科	Veneridae
属	巴非蛤属	*Protapes*

绿螂
Glauconome chinensis Gray, 1828

门	软体动物门	Mollusca
纲	双壳纲	Bivalvia
目	帘蛤目	Venerida
科	绿螂科	Glauconomidae
属	绿螂属	*Glauconome*

别名大头蛏。贝壳小型，呈长卵圆形，壳质薄脆，两壳等大。壳顶略尖，近前方。贝壳前端圆，后端略尖，腹缘较平。韧带短，呈黄褐色。壳表具明显的同心生长纹，无放射肋；被一层灰绿色角质壳皮，腹缘处常呈皱褶状，壳顶部分易脱落，呈灰白色。壳内面白色，略具光泽。铰合部窄长，两壳各具3枚主齿，后主齿较大，无侧齿。前闭壳肌痕长卵圆形，后闭壳肌痕正方形，外套痕清晰，外套窦较深，呈舌状。

绿螂多栖息在河口半咸水地区，潮间带近上部底质较硬的泥沙中。

温水性种类，我国见于浙江、福建、广东、广西和海南。也见于日本和朝鲜。

宽壳全海笋
Barnea dilatata (Soulyet, 1843)

贝壳宽短，一般壳长 60 mm，壳宽 38 mm。壳质薄脆，前端尖、后端截形，腹缘开口。壳顶略突出，近前端。壳表具纵肋及波纹状生长纹，纵肋在壳不同部位强弱不同，在壳前端发达，具棘刺；中部变粗大，与放射肋相交形成小突起；壳后端无纵肋，仅有较细的生长纹。前闭壳肌痕小、长，后闭壳肌痕大，呈三角形。外套窦痕不明显，外套窦短呈弓形。水管极发达，酒精浸制标本，水管长度约为壳长的 1.5 倍。

生活在潮下带至浅海的软泥底质中，尤其在河口附近的软泥滩，潜沙深度超过 40 cm。

广布种，分布于我国南北沿海。也见于日本和菲律宾。

门	软体动物门	Mollusca
纲	双壳纲	Bivalvia
目	海螂目	Myida
科	海笋科	Pholadidae
属	全海笋属	*Barnea*

大沽全海笋

Barnea davidi (Deshayes, 1874)

门	软体动物门	Mollusca
纲	双壳纲	Bivalvia
目	海螂目	Myida
科	海笋科	Pholadidae
属	全海笋属	*Barnea*

别名孔雀贝、刺儿。贝壳大型，一般壳长120 mm，壳宽40 mm。壳质薄脆，呈长卵形，两壳闭合时前、后端均开口。壳前端前半部膨大，向后渐尖细，腹面张开，铰合部外翻。壳表具同心生长纹和纵肋，两者相交呈布目状，在壳前端的腹面形成棘刺，在壳后端则形成小颗粒。壳面呈白色，被淡黄色壳皮。壳内面呈白色，光滑。前闭壳肌痕较小，后闭壳肌痕大，略呈菱形，外套窦宽且深，不明显。水管发达，伸展时长度可达贝壳长度的1~1.5倍。

栖息在潮间带及浅海的泥沙底。

温水性种类，为中国特有种，仅分布于我国北部沿海向南至浙江沿海。

船蛆

Teredo navalis Linnaeus, 1758

别名凿船贝。贝壳小型；壳质薄脆，呈白色。两壳闭合时呈球形，前后端大张开。壳表分为前、中、后三区，前区短小呈三角形，表面有10~30条刻纹；中区高大，其中前中区的刻纹6~20条；后中区表面光滑；后区的变化较大，有环状生长纹。壳内柱细长，长度约为壳长的1/2。铠片桨状，柄细长。

栖息在水深7~10 m的木材中。

广布种，广布于世界各大洋的温带和热带海域，习见于我国南北沿海。

门	软体动物门 Mollusca
纲	双壳纲 Bivalvia
目	海螂目 Myida
科	船蛆科 Teredinidae
属	船蛆属 *Teredo*

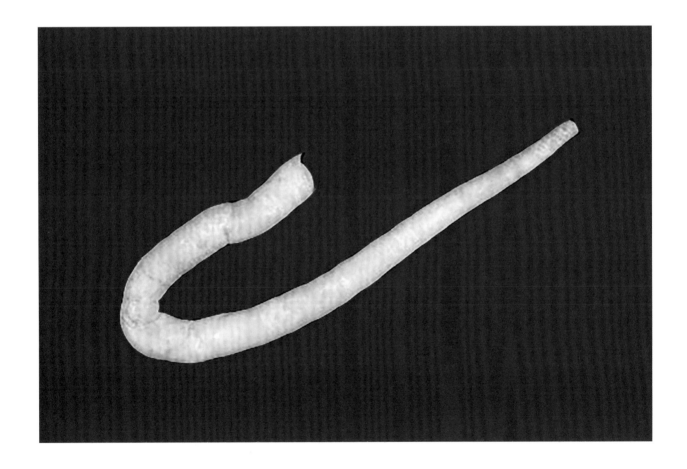

剖刀鸭嘴蛤

Laternula boschasina (Reeve, 1860)

门	软体动物门 Mollusca
纲	双壳纲 Bivalvia
目	帘蛤目 Veneroida
科	鸭嘴蛤科 Laternulidae
属	鸭嘴蛤属 *Laternula*

贝壳中等大小，近长卵圆形，壳顶突出位于背部近中央处，前端钝圆，前背缘平直，或微凸，后端尖斜上翘。壳质薄脆，半透明，较膨胀；两壳近相等，闭合时前、后端开口较小。壳表具细密、明显的同心生长线。壳面呈白色、具云母光泽，壳内面与壳面同色；铰合部无齿，下方与一新月形片状隔板相接；前、后闭壳肌痕略呈圆形，外套窦极浅。本种与渤海鸭嘴蛤近似，区别为后者韧带槽前有石灰质板，壳后端开口较本种大。

栖息于潮间带泥沙质底。

分布于我国沿海地区。日本、菲律宾也有分布。

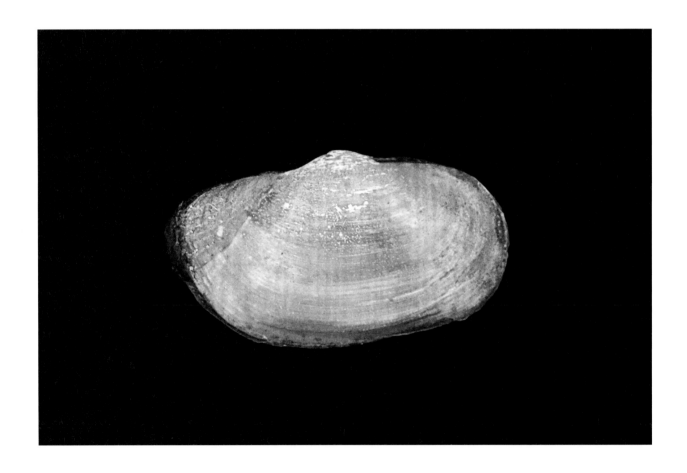

金乌贼

Sepia esculenta Hoyle, 1885

别名墨鱼、乌鱼。胴部呈盾状，体表色斑因雌雄个体而异，雄性胴背横条斑明显，并间杂致密细斑；雌性胴背横条斑不明显，偏向两侧或仅具细斑点。肉鳍较宽，约为胴宽的1/4，位于胴部两侧全缘，仅在后端分离。无柄腕长度略不等；吸盘4行，各腕吸盘大小相近。雄性左侧第4腕茎化，中部吸盘变小并稀疏。内壳椭圆形，背面具同心环状排列的石灰质颗粒，壳后端具粗壮骨针。

本种为中、下层洄游性种类，游泳较慢，喜集群，有趋光性，昼深夜浅。幼体生长较快，1年内可达性成熟。

广布种，见于我国南北近海。日本和菲律宾也有分布。

门	软体动物门 Mollusca
纲	头足纲 Cephalopoda
目	乌贼目 Sepiida
科	乌贼科 Sepiidae
属	乌贼属 *Sepia*

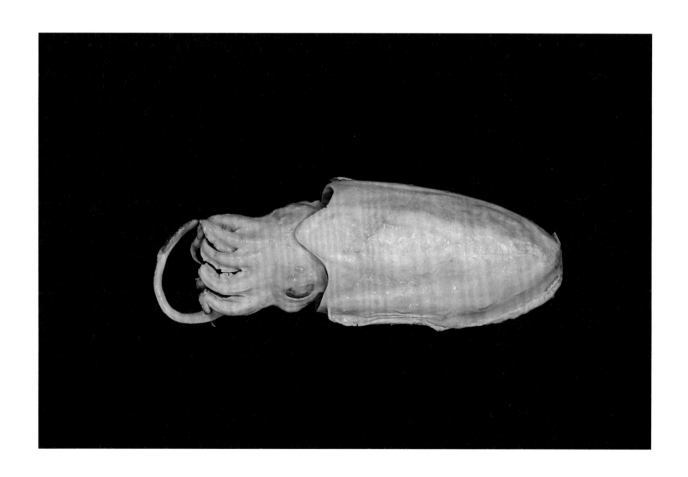

拟目乌贼
Sepia lycidas Gray, 1849

门	软体动物门	Mollusca
纲	头足纲	Cephalopoda
目	乌贼目	Sepiida
科	乌贼科	Sepiidae
属	乌贼属	*Sepia*

　　胴背具一定数量的眼状斑，物种因此得名。成体最大胴长40 cm，体重达5 kg，属大型乌贼。雄性背部多为鲜红色，雌性背部多为灰黄色，体色随环境和其自身情绪变化。肉食性，喜欢摄食上中下层甲壳类、小鱼等游泳动物。白天栖息于海底，晚上迁移至水域上层，喜弱光，向前游动或后退，会喷墨。拟目乌贼进入繁殖期会有明显的求偶行为，雄性经常因为争偶而发生打斗；求偶时，乌贼并不进食。

　　栖息于大陆架、大陆坡上缘海洋性水域，水温13~33 ℃，盐度20‰~35‰水体环境中均能生存。水深15~100 m处均有分布。主要分布于我国东海、南海，以及菲律宾、越南等海域。

　　拟目乌贼属营养价值较高的头足类，是我国主要的捕捞头足类，经济价值很高。

虎斑乌贼

Sepia pharaonis Ehrenberg, 1831

胴部盾形，胴长约是胴宽的2倍。胴背部具虎斑状花纹，物种因此得名。成体虎斑乌贼最大胴长0.43 m，最大体重5 kg，是我国主要的捕捞头足类。浅海性底栖种，栖息于沿岸至110 m水层，40 m以上水层群体较为密集，尤其繁殖季节，当其向岸洄游时，多密集于浅水海域。暖水性较强，主要生活于亚热带和热带海域。主要分布于我国南海和东海，以及西北太平洋和北印度洋沿岸海域。

主要作业渔场在南海、印度洋沿岸和亚丁湾海域，年产量超过1万t。经过10余年的努力，宁波大学课题组团队攻克了虎斑乌贼大规模人工繁育难题，在世界上首次实现该物种的规模化苗种繁育与养殖，为开展大规模养殖奠定了坚实基础。

门	软体动物门 Mollusca
纲	头足纲 Cephalopoda
目	乌贼目 Sepiida
科	乌贼科 Sepiidae
属	乌贼属 *Sepia*

曼氏无针乌贼

Sepiella inermis (Van Hasselt, 1835)

门	软体动物门	Mollusca
纲	头足纲	Cephalopoda
目	乌贼目	Sepiida
科	乌贼科	Sepiidae
属	无针乌贼属	*Sepiella*

别名花粒子、麻乌贼、血墨、墨鱼、目鱼、日本无针乌贼。个体较大，胴部呈盾形，略瘦。胴背具近椭圆形白花斑。雌雄个体白花斑有差别，雄性个体较大，间杂一些小白斑；雌性较小且大小相近。肉鳍前狭后宽，位于胴部两侧全缘，仅在末端分离。无柄腕长度不一，腕式一般为第4＞第3＞第1＞第2或第4＞第3＞第2＞第1，吸盘4行，各腕吸盘大小相近。雄性左侧第4腕茎化，全腕中部的吸盘变小并稀疏；触腕穗狭柄形，约为全腕长度的1/4，吸盘约20行，小而密。内壳椭圆形，外圆锥体后端宽而薄，具纵横的稀疏细纹。

曼氏无针乌贼在饱食、强光、水色过清、水温较低时常停留在贴近底泥的水体下层；觅食时巡塘游动频繁，常集群游泳于水体中上层；遇刺激或低温时常喷墨。

广布种，分布于我国南北海域。也见于日本列岛、马来群岛和印度洋。

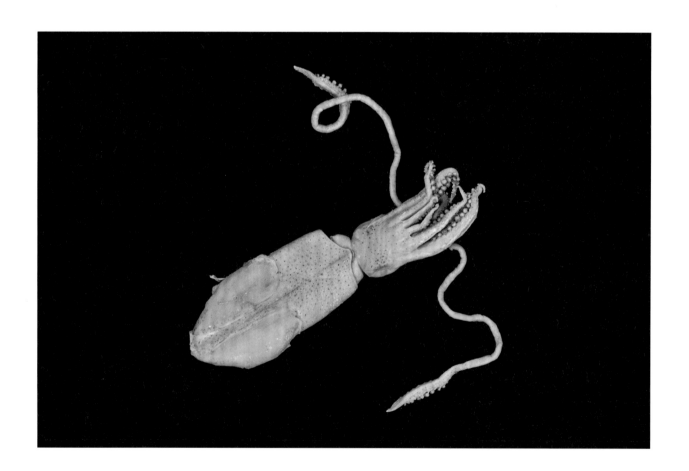

日本枪乌贼

Loliolus (Nipponololigo) japonica (Hoyle, 1885)

又名小鱿鱼、笔管蛸、乌蛸。个体长 12~20 cm，形状类似鱿鱼，个体比鱿鱼短而小，体短而宽。浅海洄游性小型头足类，主要分布于我国渤海、黄海以及东海。喜群栖于海洋中下层，有时也活跃于水面。一般为一年生，其空间分布受季节变化的影响较大。每年 3 月开始生殖洄游，亲体在近岸海域产卵后死亡，5 月左右幼体在海州湾及邻近海域内生长，9 月以后随着水温的下降，群体向深水移动，12 月进入黄海中部 34° N~37° N、122° E~124° E 的深水海域进行越冬。日本枪乌贼在食物链中占据重要地位，是底拖网渔业及某些定置网渔业的主要捕捞对象，资源比较丰富，是营养价值较高的一种海产品，有很高的经济价值。可鲜食，也可加工成干制品和冷冻品。主要往日本和韩国等地出口。

门	软体动物门 Mollusca
纲	头足纲 Cephalopoda
目	乌贼目 Sepiida
科	枪乌贼科 Loliginidae
属	拟枪乌贼属 *Loliolus*

短蛸

Amphioctopus fangsiao (d'Orbigny, 1839—1841)

门	软体动物门 Mollusca
纲	头足纲 Cephalopoda
目	八腕目 Octopoda
科	蛸科 Octopodidae
属	两鳍蛸属 *Amphioctopus*

　　别名饭蛸、坐蛸、短腿蛸、小蛸、短爪蛸、四眼鸟。胴部呈卵圆形或球形，体表具有许多近圆形的颗粒。背部两眼之间具一明显的呈纺锤形或半月形的浅色斑，两眼前方第2对和第3对腕之间，各具一椭圆形的金色圆环，大小与眼径相近。各腕均较短，长度几乎相等，腕长为胴长的3~4倍；腕吸盘2行，雄性右侧第3腕茎化，较左侧对应腕短。

　　营底栖生活，可短距离游泳，多在海底或岩礁间爬行或滑行。幼体生长较快，一般半年左右可达成体大小，1年具备繁殖能力。

　　广布种，我国南北近海均有分布。也见于日本列岛。

真蛸

Octopus vulgaris Cuvier, 1797

别名真章、章鱼、母猪章。胴部短小，呈卵圆形，体表光滑，具极细的色素斑点，胴背部具有一些明显的白色斑点。短腕型，腕长为胴长的4~5倍，各腕长度相近；腕吸盘2行。雄性右侧第3腕茎化，明显短于左侧对应腕。漏斗器"W"形。体腔内贝壳退化。外套膜后部有墨囊。

营底栖生活，栖息于沙泥海底或岩礁缝中，白天潜伏夜晚猎食，以甲壳类、贝类及鱼类等为食。有较短距离的生殖和越冬洄游。

暖水性种类，分布于我国东海、南海。菲律宾群岛、马来群岛、印度洋、大西洋海域也有分布。

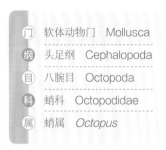

门	软体动物门	Mollusca
纲	头足纲	Cephalopoda
目	八腕目	Octopoda
科	蛸科	Octopodidae
属	蛸属	*Octopus*

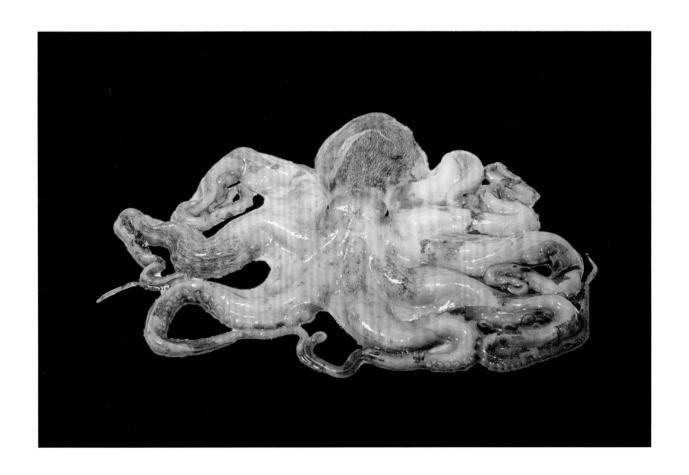

六、节肢动物

中华鲎
Tachypleus tridentatus (Leach, 1819)

门	节肢动物门	Arthropoda
纲	肢口纲	Merostomata
目	剑尾目	Xiphosuria
科	鲎科	Limulidae
属	鲎属	*Tachypleus*

　　头尾长约60 cm，背部拱起、腹面平整，在身体后面有一条剑状尾巴。分布于我国长江口以南的东海和南海海域。每年立夏至处暑是中华鲎产卵盛期，海滩上常见雌雄成对的成体鲎。鲎在地球上已经生存4.85亿年，早于恐龙和原始鱼类，其在进化过程中外形和构造几乎没有改变，是地球上最古老的物种之一，是极为珍贵的"活化石"。由于其血液是富含铜离子的血蓝蛋白，故鲎是地球上少有的"蓝血动物"之一。中华鲎具较高的药用价值，血液可制成快速准确检测细菌的鲎试剂。鲎是我国国家二级保护动物。为恢复物种野生种群数量，近年来广西等地已尝试开展中华鲎增殖放流。

茗荷

Lepas (Anatifa) anatifera Linnaeus, 1758

茗荷是茗荷科中较大体形的物种，成体长度3~6 cm。其头部饱满，侧扁，宽阔叶形。头部有5片紧密相接的壳板，均坚厚，白色。其上具微弱的放射沟纹或生长线，开闭缘一般橘黄色，向外突起，峰缘拱形。楯板不规则四边形，开闭缘明显突出，从壳顶到上顶端有一低脊，仅右楯板具壳顶齿。背板不规则梯形，长度远大于高度。峰板弓形弯曲，基部分叉，埋藏于膜内。柄部圆柱状，暗橙色或紫褐色，粗壮，略短于头部。

茗荷是茗荷科的模式物种，一般栖息于热带、亚热带和温带海洋，对"宿主"（附着物）没有任何要求，可附着于任何物体，但通常附着于漂浮的物体例如木头、浮标、垃圾、船舶、生物等物体。常常聚群出现。

因茗荷可附着生活于任何的漂浮物体，因此其分布十分广泛，为世界性海洋分布。在我国从北到南的所有海域都可出现。

门	节肢动物门　Arthropoda 甲壳动物亚门　Crustacea
纲	六蜕纲　Hexanauplia
目	茗荷目　Lepadiformes
科	茗荷科　Lepadidae
属	茗荷属　*Lepas*

斧板茗荷
Octolasmis warwickii Gray, 1825

门	节肢动物门 Arthropoda
	甲壳动物亚门 Crustacea
纲	六蜕纲 Hexanauplia
目	茗荷目 Lepadiformes
科	花茗荷科 Poecilasmatidae
属	板茗荷属 *Octolasmis*

斧板茗荷是花茗荷科中的小型物种，长度一般不超过 3.5 cm。其头部侧扁，呈叶状，有5片壳板，壳板亮白色，各板间隔较远，外表包被透明薄膜。头部开闭缘平直，峰缘拱形。楯板分为2叶，两叶间隔明显，靠近开闭缘的一叶细长呈倒三角形，另外一叶呈翻转 "L" 形。背板一般为斧形或马头颈形。峰板弓形弯曲，上端可达背板中部，末端1/4处具裂缝，基底部为不规则铲形，壳顶突出。柄比较长，等长或稍短于头部，柱状，表面具小颗粒和横褶皱。

斧板茗荷主要分布于热带和温带浅海海域，水深不超过 100 m，一般附着于甲壳类尤其是大型蟹类的头胸甲上和口器周围，是寄生于蟹类的常见茗荷。

在我国主要分布于南海及东海南部的浅海，在国外也具有广泛的分布，见于日本、菲律宾、印度尼西亚、印度、斯里兰卡、南非等。

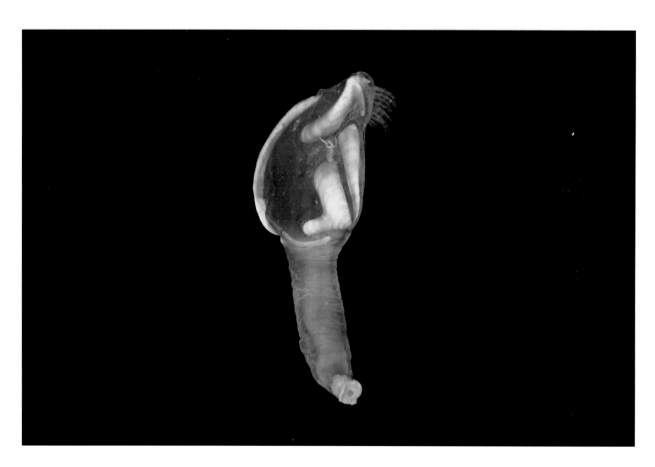

龟足

Capitulum mitella (Linnaeus, 1758)

龟足是指茗荷科龟足属的唯一物种，其个体较大，成体长度一般4~6 cm，呈绿色或黄褐色。头部侧扁，由8片大壳板即楯板、背板、上侧板各一对和峰板、吻板各一个，以及基部一圈数十个轮生小侧板组成。柄部略短于头部，其上被密集小鳞片覆盖。楯板三角形，顶端略弯向背板，表面具3~4条放射肋。背板呈四边形，表面有一低脊延伸至基部。上侧板窄三角形。吻板和峰板相似，均内凹。基部轮生的小侧板亦呈三角形。柄部侧扁，等长或略长于头部，内部肌肉发达。

一般栖息于热带和亚热带海域的潮间带石头缝隙中，尤喜海浪冲击很强的沿岸高潮带。其柄部肌肉十分发达，是分布区域当地民众十分喜爱的美食，亦被称为佛手螺、观音掌等，但其生活于石头缝隙，受到触动后会紧缩入缝隙中，不易采挖。

龟足在我国长江口以南沿岸石基潮间带均有分布，国外分布亦十分广泛，朝鲜、日本、越南、柬埔寨、菲律宾、印度尼西亚、马达加斯加、萨摩亚等也有分布。

门	节肢动物门 Arthropoda 甲壳动物亚门 Crustacea
纲	六蜕纲 Hexanauplia
目	铠茗荷目 Scalpelliformes
科	指茗荷科 Pollicipedidae
属	龟足属 *Capitulum*

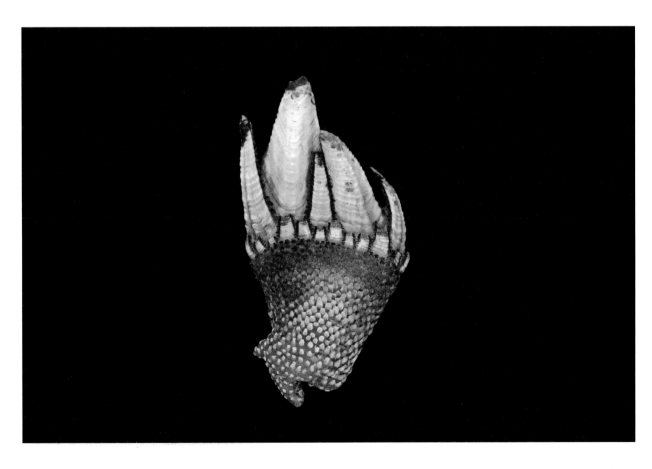

纹藤壶

Amphibalanus amphitrite (Darwin, 1854)

门	节肢动物门	Arthropoda
	甲壳动物亚门	Crustacea
纲	六蜕纲	Hexanauplia
目	无柄目	Sessilia
科	藤壶科	Balanidae
属	藤壶属	*Balanus*

纹藤壶是藤壶科潮间带的常见物种，成体直径一般0.5~1.5 cm。其整体为圆锥形，较敦实；表面光滑，一般白色或奶白色的底色，具成束纵向紫色或灰褐色相间的放射条纹；壳口大，呈不规则菱形，口缘略微锯齿状；幅部宽，顶缘不很斜，翼部大部被相邻幅部覆盖。鞘部稍短，其上放射条纹颜色较深，底缘略悬垂，无泡状结构；鞘下具纵肋，肋的基部为齿状。楯板平坦，生长脊粗糙；关节脊突出，长度约为背缘的一半。背板宽阔，外面平坦，生长脊清晰；中央沟宽阔开放，伸至矩末；关节脊突出。基底具放射管，管内无横膈片。

纹藤壶为温带和热带物种，一般附着于船底、浮标、码头、木桩、养殖架、岩石及贝壳上，常成群聚集，拥挤时壳形多是筒状，壳口大而呈方形，孤立时呈圆锥形，紫色条纹鲜艳。常成群聚集大量出现在潮间带的岩石上。此外它也能够紧密附着于船底，危害甚重，应定期防除。

纹藤壶的分布广泛，是世界性海洋分布物种，在我国南北沿海均有分布。

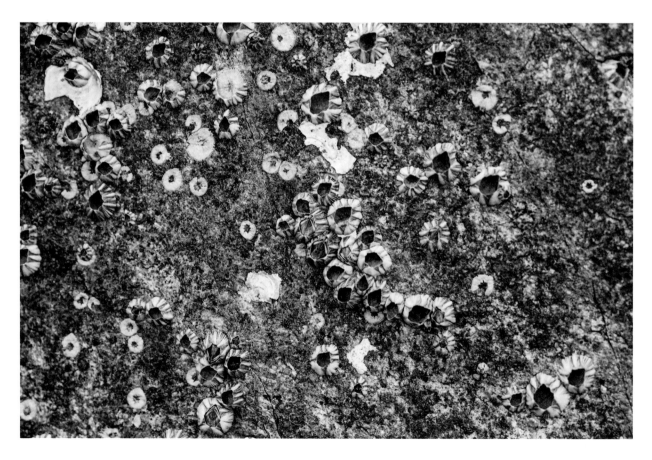

中华小藤壶

Chthamalus sinensis Ren, 1984

中华小藤壶是小藤壶科在潮间带极为常见的类群，个体很小，成体直径一般不超过0.8 cm。板桥一般呈白色或者淡灰色，整体圆锥形，基部有多条肋，板缝清晰，壳口六角形。盖板光滑，楯板背缘平直，背板宽阔平坦，楯缘平直，两板结合处不具缺刻。

中华小藤壶栖息于温带和热带海域的潮间带，常常聚群成片出现，形成藤壶墙。

中华小藤壶目前仅见于我国东南沿海。推测朝鲜、日本海域也有分布。

门	节肢动物门	Arthropoda
	甲壳动物亚门	Crustacea
纲	六蜕纲	Hexanauplia
目	无柄目	Sessilia
科	小藤壶科	Chthamalidae
属	小藤壶属	*Chthamalus*

白脊管藤壶

Fistulobalanus albicostatus (Pilsbry, 1916)

门	节肢动物门 Arthropoda 甲壳动物亚门 Crustacea
纲	六蜕纲 Hexanauplia
目	无柄目 Sessilia
科	藤壶科 Balanidae
属	管藤壶属 *Fistulobalanus*

　　白脊管藤壶在我国沿海水域均有分布。具6对胸肢，配合身体顶部壳板的开闭，胸肢伸出体外拨动水流以获取新鲜氧气和食物。白脊管藤壶是海洋污损生物，通常附着于船底、网笼和人工设施表层，与贻贝、牡蛎等养殖贝类竞争附着基质和饵料，在生产实践中对我国海水养殖、海洋运输及海洋工程造成较大危害。目前对白脊管藤壶金星幼体研究发现，附着基、温度、盐度、幼体密度、幼体低温保存时间是影响幼体附着能力的重要因子，生姜粉、大叶藻提取活性物质和海洋产蛋白酶菌等物质对白脊管藤壶金星幼体的附着存在抑制作用。白脊管藤壶具有药用价值，具抑菌、消炎和镇痛等功能。

日本笠藤壶
Tetraclita japonica (Pilsbry, 1916)

俗称簇、簇嘴。成长个体的壳表呈紫灰色或深灰色，表面有多数较粗的短纵肋，互相前后交错，其内为中空小管。壳口略圆而大，但幼小者壳口小而直，外表具毛。壳底多孔，膜质。幅部狭，顶缘很斜，翼部明显。鞘暗黑色，具横纹。我国东南沿岸广为分布，固着在面向外洋的岩礁上，附着于潮间带岩石上，受较强海浪冲击的岸面上常密集成群，为优势种，是海洋最习见的污损生物之一。

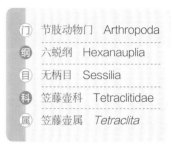

门	节肢动物门	Arthropoda
纲	六蜕纲	Hexanauplia
目	无柄目	Sessilia
科	笠藤壶科	Tetraclitidae
属	笠藤壶属	*Tetraclita*

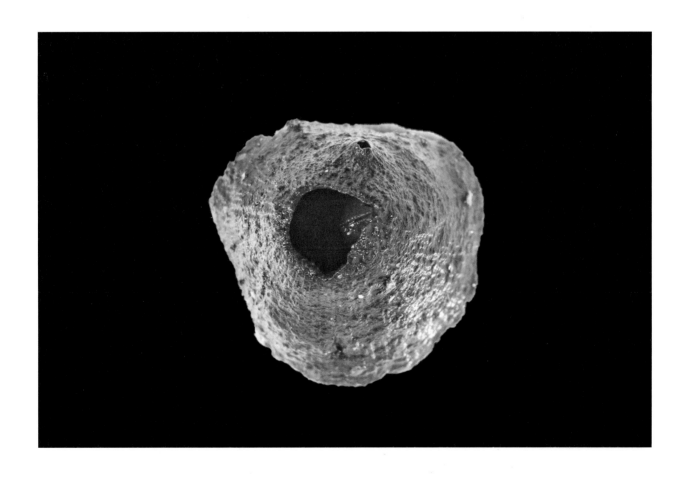

鳞笠藤壶

Tetraclita squamosa (Bruguière, 1789)

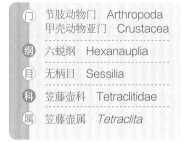

门	节肢动物门 Arthropoda 甲壳动物亚门 Crustacea
纲	六蜕纲 Hexanauplia
目	无柄目 Sessilia
科	笠藤壶科 Tetraclitidae
属	笠藤壶属 *Tetraclita*

　　鳞笠藤壶是笠藤壶科大型藤壶，成体直径一般3~5 cm，高度2~3 cm。其壳圆而呈锥形，形似火山，壳口小。壳具密集纵肋和脊，表面暗灰色或灰褐色。外膜生长线处具角质毛。幅部窄，甚至全无，关节缘具蠕虫状突起。翼部窄且薄，白色。壁板坚厚，接合紧密，板内壁具很多小的纵管，板外壁内具呈网状低肋；鞘部常黑绿色，其下部常为白色。基底为膜质。楯板窄，生长脊细密，其开闭缘具一排小齿；闭壳肌脊和窝均非常发达，侧压肌窝具4~5条压肌脊。背板窄，顶端尖且弯曲，喙状，具很浅的中央沟。

　　鳞笠藤壶是我国东海和南海沿岸十分常见的物种，一般栖息于潮间带和潮下带，常常附着于岩石、岸基工程或浮标上。

　　鳞笠藤壶是全球海洋广布种，见于太平洋、印度洋、大西洋沿岸，在我国主要分布于东海及南海的沿岸潮间带。

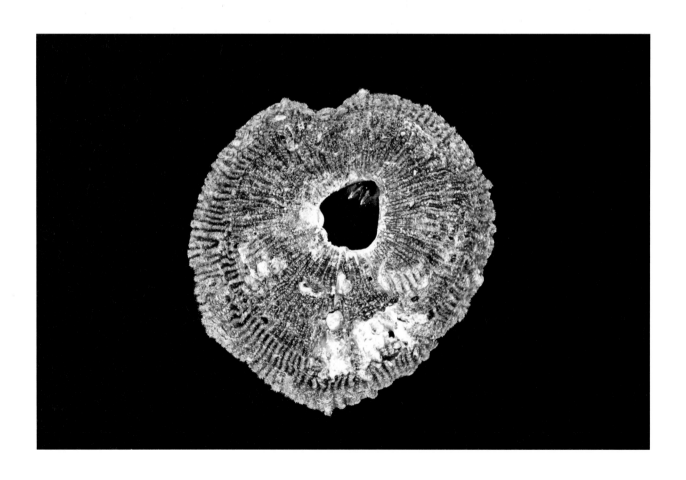

日本大螯蜚

Grandidierella japonica (Stephensen, 1938)

身体侧扁，成体体长通常5~7 mm，常栖息于潮间带软泥、泥沙底质中，筑"U"形巢穴。该物种分布较广，为世界广布种，最先在日本发现，大西洋和太平洋沿岸均有报道，在我国渤海、黄海、东海均有分布，且以夏秋季数量最多。生存盐度5‰~30‰，正常生长发育适温范围为20~26 ℃。日本大螯蜚活动能力较强，食源范围较广，包括动植物残骸、藻类和小型生物。室内人工培养时饲喂藻类效果最佳。日本大螯蜚对污染物反应灵敏，是开展沉积物质量评价、进行沉积物毒性检测的良好受试生物。目前在国内外，日本大螯蜚已被较为广泛地应用于海洋沉积物质量评价之中。

门	节肢动物门 Arthropoda 甲壳动物亚门 Crustacea
纲	软甲纲 Malacostraca
目	端足目 Amphipoda
科	刀钩虾科 Aoridae
属	大螯蜚属 *Grandidierella*

第二章 常见生物图鉴 / 145

海蟑螂

Ligia oceanica (Linnaeus, 1767)

门	节肢动物门	Arthropoda
	甲壳动物亚门	Crustacea
纲	软甲纲	Malacostraca
目	等足目	Isopoda
科	海蟑螂科	Ligiidae
属	海蟑螂属	*Ligia*

　　海蟑螂是陆生等足类动物中个体较大的物种，也被认为是等足类由海洋向陆地演化的过渡型物种代表。世界性分布。体长1.5~2.5 cm，体黑褐色或黄褐色。海蟑螂生活在岩相潮间带高潮区，栖居于石缝、人工堤坝、港口、码头等建筑设施空隙内。海蟑螂生活离不开水，自身运动范围有限，随海水潮汐在高、低潮线之间迁移运动，是潮间带生态系统的重要成员，身体可以随着外界温度变化相应调节自身体温。杂食，主要摄食海藻，偶尔摄食动植物残肢，生态位上类似分解者，在加速地球能量流动和物质循环方面发挥重要作用。海蟑螂具一定的医学价值，生物体提取物具抑制肿瘤细胞生长作用。

窝纹虾蛄

Dictyosquilla foveolata (Wood-Mason, 1895)

体呈灰紫色。体长 10 cm 左右。头胸甲、腹部的背面均密布小的凹陷而成的粗糙网状纹。第 5 胸节具小的双侧突，末端略尖；第 6 胸节侧突的前后瓣粗大，末端圆；第 7 胸节侧突前瓣短尖，后瓣粗钝；第 8 胸节侧突仅为一短尖齿。捕肢长节下缘远端圆而不尖，指节具 6 齿。尾肢内叉外缘具一凹，内缘前部有微齿。肛门后有一纵脊。

窝纹虾蛄是暖水种，生活于水深 10~20 m 的近岸软泥中。可食用，拖网作业可捕获，但数量不多。

在我国东海和南海有分布。国外分布于缅甸、越南。

门	节肢动物门　Arthropoda 甲壳动物亚门　Crustacea
纲	软甲纲　Malacostraca
目	口足目　Stomatopoda
科	虾蛄科　Squillidae
属	纹虾蛄属　*Dictyosquilla*

伍氏平虾蛄
Erugosquilla woodmasoni (Kemp, 1911)

门	节肢动物门	Arthropoda
	甲壳动物亚门	Crustacea
纲	软甲纲	Malacostraca
目	口足目	Stomatopoda
科	虾蛄科	Squillidae
属	平虾蛄属	*Erugosquilla*

体长达15 cm。体呈半圆筒状，上下扁平，浅灰绿色，有的背部略带斑点。尾节背面中央脊两侧呈栗色。尾肢外肢呈蓝色，背面中部略黑或呈浅蓝色。眼大，具双角膜。眼节前端宽圆。额角短，梯形，侧缘直。捕肢（掠肢）的指节具6枚齿，长节有尖锐的长节刺。第6、第7胸节的双侧突向外伸展，第8胸节只有单侧突。腹部7节，尾节中央脊两侧无结节列。步足较纤细，双肢型。尾肢外肢侧缘有7~10条可动刺。

营底栖生活，穴居于海底泥或泥沙中，游泳能力强，肉食性，可捕食小型虾类等。主要在水深5~50 m的水域活动，栖息深度及对温度的适应范围较广。可食用，拖网可捕获，但数量不大。

在我国东海、南海有分布。国外分布于印度尼西亚、越南、菲律宾、澳大利亚和日本。

黑尾猛虾蛄

Harpiosquilla melanoura Manning, 1968

体长最长达17 cm。体呈暗棕褐色。头胸甲无中央脊，背面沟和脊呈黑色，中央具黑色斑块。各胸节和第1~5腹节无亚中央脊，各胸节和腹节后缘呈黑褐色。第2腹节具狭窄的黑色横条。尾节末缘齿黄色，中央脊两侧具一对红褐色斑点。捕肢（掠肢）的指节具8枚齿，外缘弯曲。尾肢原肢的端刺黄色。尾肢外肢第1节外缘黄色，外侧具7~10个可动刺；末节末端黑色；内肢内侧黑色。

营底栖生活，多分布在泥沙底质中。11月至次年3月是繁殖高峰期。主要在水深10~80 m以内的海域活动。可食用，拖网可捕获，但数量不大。

在我国分布于南海海域，国外分布于泰国、越南、菲律宾、日本、澳大利亚等地海域。

门	节肢动物门 Arthropoda
	甲壳动物亚门 Crustacea
纲	软甲纲 Malacostraca
目	口足目 Stomatopoda
科	虾蛄科 Squillidae
属	猛虾蛄属 *Harpiosquilla*

脊条褶虾蛄

Lophosquilla costata (de Haan, 1844)

门	节肢动物门 Arthropoda
	甲壳动物亚门 Crustacea
纲	软甲纲 Malacostraca
目	口足目 Stomatopoda
科	虾蛄科 Squillidae
属	褶虾蛄属 *Lophosquilla*

体长可达 10 cm，呈浅灰褐色。额顶圆，额角长大于宽，两侧缘隆起。头胸甲后部多颗粒隆起，在前端分叉处有不中断的中央脊，前侧角成锐刺。第5~8胸节和各腹节及尾节，都密布长短不等的颗粒状突起，捕肢指节6~7枚齿。尾节中部具黑色斑块，侧缘具外叶。尾肢原肢内侧刺的外缘具圆叶。

营底栖生活，多分布在软泥底质中。主要在水深0~30 m的海域活动。可食用。在我国东海、南海有分布，国外分布于越南、菲律宾、日本和澳大利亚。

口虾蛄

Oratosquilla oratoria (De Haan, 1844)

　　俗称皮皮虾或琵琶虾。体长3~17 cm。广泛分布于热带、亚热带水域，我国各海区、日本近海均有分布，栖息于泥沙质沉积物环境中。肉食性，摄食时攻击性很强，主要摄食贝类、甲壳类、小型鱼类和动物残骸。口虾蛄营养丰富，肉味鲜美，深受市场欢迎，是我国沿海重要的经济甲壳动物，2018年全国捕捞总产量达220567 t。为应对口虾蛄自然资源趋于衰退的问题，我国目前已有一定规模的口虾蛄人工养殖。口虾蛄具有海洋药物开发价值，近年来研究发现口虾蛄提取物对多种肿瘤细胞具有明显的抑制作用。

门	节肢动物门　Arthropoda 甲壳动物亚门　Crustacea
纲	软甲纲　Malacostraca
目	口足目　Stomatopoda
科	虾蛄科　Squillidae
属	口虾蛄属　*Oratosquilla*

细巧贝特对虾

Batepenaeopsis tenella (Spence Bate, 1888)

门	节肢动物门 Arthropoda 甲壳动物亚门 Crustacea
纲	软甲纲 Malacostraca
目	十足目 Decapoda
科	对虾科 Penaeidae
属	贝特对虾属 *Batepenaeopsis*

甲壳薄而平滑，身体上具棕红色斑点。额角短而直，伸至第1触角柄第2节中部附近；上缘基部微凸，具6~8齿；额角侧脊达额角第1齿后方；不具额角后脊。眼上刺甚小；眼眶触角沟极浅；触角刺发达，其上方有一狭而细长的纵缝向后延伸，鳃区中部有一短横缝，伸至头胸甲侧缘；头胸甲上不具胃上刺。第4~6腹节背面有较弱的纵脊。第1、2步足具基节刺，不具上肢；第5步足最长；步足均具外肢，第5步足外肢较小。雄性交接器呈锚状，侧叶中部甚宽，两端稍窄，末端向两侧后方斜伸出较尖细的突起。雌性交接器前板大而宽，中央具较深的纵沟。

多栖息于浅海区域，对温度、盐度和底质都有较大的适应范围。细巧贝特对虾常和哈氏米氏对虾一同捕获，但体形较后者小，可食用，亦可作为鱼类的天然饵料，有一定的经济价值。

在我国黄海到南海均有分布，并且在印度洋及西太平洋海域有广泛分布。

须赤虾

Metapenaeopsis barbata (De Haan, 1844)

体表粗糙，有棕红色的不规则斜斑且覆盖短毛。眼大，眼柄短。额角末端尖，雌性稍向上扬伸，达或略超过第1触角柄的末端。头胸甲的后缘附近有20~22小脊排列成的新月形的发音器。额角上缘6~7齿，下缘无齿。头胸甲上有触角刺、颊刺、胃上刺和肝刺，眼上刺很小。第1、2步足有基节刺，5对步足均有外肢。第2~6腹节背面有纵脊，第5~6腹节的末端突出形成刺。尾节的两侧有1对固定刺和3对活动刺。

须赤虾是高温高盐种，适宜在水温12~25 ℃、盐度34‰以上的高盐度水域生长。繁殖期在6—11月，繁殖高峰期在8月。栖息于40 m以上的外海海区，底质类型主要为粉沙质软泥和黏土质软泥，摄食底栖生物和底层游泳生物。须赤虾营养丰富，含丰富蛋白质和矿物质，是我国东海重要捕捞对象之一。

分布于我国东海和南海，国外主要分布于日本、朝鲜、马来西亚、印度尼西亚和菲律宾。

门	节肢动物门 Arthropoda
	甲壳动物亚门 Crustacea
纲	软甲纲 Malacostraca
目	十足目 Decapoda
科	对虾科 Penaeidae
属	赤虾属 *Metapenaeopsis*

戴氏赤虾

Metapenaeopsis dalei (Rathbun, 1920)

门	节肢动物门	Arthropoda
	甲壳动物亚门	Crustacea
纲	软甲纲	Malacostraca
目	十足目	Decapoda
科	对虾科	Penaeidae
属	赤虾属	*Metapenaeopsis*

体表粗糙，表面密生绒毛，布有斜行排列的红色斑纹。眼大，眼柄甚短。额角短，上缘有5~8齿。头胸甲有胃上刺、眼上刺及颊刺。腹部第2~6节背面有中央强脊。尾节长，有3对活动刺及1对不动刺。第1触角鞭短；第2触角鳞片略超过第1触角柄的末端。第1步足有基节刺及座节刺，第2步足有基节刺。雄性交接器不对称。

戴氏赤虾是亚热带近岸种，生活在泥沙底浅海，栖息于水温13~25 ℃、盐度33‰~34‰、水深20~65 m的海域，幼虾多分布于盐度较低的近岸海域。戴氏赤虾繁殖期在5—8月，高峰期在6—7月，是东海北部近海重要的捕捞对象之一，也是经济鱼类的天然饵料。

在我国黄海、东海和南海均有分布。国外分布于朝鲜、日本。

高脊赤虾
Metapenaeopsis lamellata (De Haan, 1844)

身体有赤褐色的不规则斑纹，体表密被短粗毛。胸肢及腹肢坚硬，红色。眼大，眼柄短。额角短，头胸甲的前方及额角的背缘有鸡冠状的隆起。胃上刺和触角刺发达；眼眶刺、颊刺和肝刺较小。有明显的触角脊。第1、2步足有基节刺，第4步足底节内侧有1突起，5对步足均有外肢。第3~6腹节背面有明显的纵脊，尾节两侧有1对固定刺和3对活动刺。雄性交接器不对称。

高脊赤虾是暖水性种类，栖息于200 m以内的硬底质的海区，多喜欢生活在21~28 ℃的水温中，肉质极佳，是一种美味的食用虾，南方市场上可见。

在我国分布于东海和南海。国外分布于日本、澳大利亚、巴布亚新几内亚。

门	节肢动物门	Arthropoda
	甲壳动物亚门	Crustacea
纲	软甲纲	Malacostraca
目	十足目	Decapoda
科	对虾科	Penaeidae
属	赤虾属	*Metapenaeopsis*

哈氏仿对虾

Parapenaeopsis hardwickii (Miers, 1878)

门 节肢动物门 Arthropoda
甲壳动物亚门 Crustacea

纲 软甲纲 Malacostraca

目 十足目 Decapoda

科 对虾科 Penaeidae

属 仿对虾属 *Parapenaeopsis*

俗称滑皮虾。广温、广盐性暖水种，栖息地水温通常为10~24 ℃，盐度30‰~34‰。哈氏仿对虾肌肉的粗蛋白含量较高、粗脂肪含量适中，因此被认为是一种营养价值较高的优质虾类。物种肉质鲜嫩，深受沿海居民喜爱，可供鲜食，也可制成虾米，是江、浙沿海渔民拖虾生产的主要品种。哈氏仿对虾生长快、繁殖期长、适应性强、种群数量大、经济价值高，被认为是一种潜在的海水养殖及增殖品种。

主要分布于我国的黄海、东海和南海沿岸海域。日本、马来西亚、新加坡、巴基斯坦、印度等地海域也有分布。

细巧仿对虾

Parapenaeopsis tenella (Spence Bate, 1888)

额角水平尖端稍向上弯曲，几乎到达第1触角柄刺第2节末端。壳薄而光滑，体表淡粉红色或淡黄色。成体体长3~7 mm。细巧仿对虾个体较小，食用价值较低，经济价值不高。然而，细巧仿对虾在我国近海部分区域内较具数量优势，是经济鱼类重要的饵料生物。例如在海州湾内，细巧仿对虾与皮氏叫姑鱼的分布区域较为相似，均集中在35.3° N以南10~20 m水深海域和海州湾东北部35.6° N、121° E邻近海域。已有研究表明，影响细巧仿对虾空间分布特征的主要因素是温度、盐度和底质类型。

分布于我国的黄海、东海、南海。日本、朝鲜和印度等地也有分布，是印度洋—西太平洋广分布种。

门	节肢动物门 Arthropoda 甲壳动物亚门 Crustacea
纲	软甲纲 Malacostraca
目	十足目 Decapoda
科	对虾科 Penaeidae
属	仿对虾属 *Parapenaeopsis*

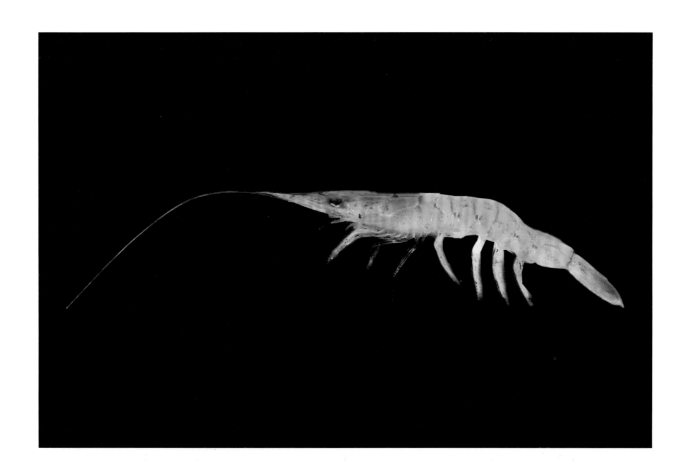

假长缝拟对虾
Parapenaeus fissuroides Crosnier, 1986

门	节肢动物门 Arthropoda
	甲壳动物亚门 Crustacea
纲	软甲纲 Malacostraca
目	十足目 Decapoda
科	对虾科 Penaeidae
属	拟对虾属 *Parapenaeus*

　　暖水性高盐种类，生命周期为1年，成体体长6~11 cm，中型经济虾类。栖息于底质为沙砾、沙泥的海域，在我国东海和南海均有分布，主要分布在浙江中南部和福建北部外海60~120 m海域，100 m水深区域资源量可达24.2 kg/h。假长缝拟对虾是闽东北海域重要的经济虾类，是桁杆拖网作业重要的捕捞对象，雌虾个体要大于雄虾。假长缝拟对虾种群在闽东北海域夏季聚集强度和聚块性最强，饵料浮游动物是影响种群聚集强度的主要因子。繁殖期7—10月，盛期为8月，8月开始出现补充群体。

印度对虾
Penaeus indicus H. Milne Edwards, 1837

体长约12 cm。甲壳表面较厚而坚硬，体表光滑。额角超过第1触角柄末端，上缘有6个齿，其中3个齿位于头胸甲上，下缘有4个齿，额角基部不隆起成三角形。额角后脊延伸至头胸甲后缘附近。头胸甲有胃上刺、触角刺和肝刺。尾节背面有中央沟，两侧缘无刺。

印度对虾体青色，尾肢末端红褐色，腹肢末端淡红色。属暖水种，通常栖息于水深90 m左右的泥沙质海底。为大型捕捞种类，在印度是主要养殖对象，有重要的经济价值，但在我国分布不多。

在我国的东海和南海均有分布。国外分布于印度、新加坡、印度尼西亚、斯里兰卡、澳大利亚等地海域。

门	节肢动物门	Arthropoda
	甲壳动物亚门	Crustacea
纲	软甲纲	Malacostraca
目	十足目	Decapoda
科	对虾科	Penaeidae
属	对虾属	*Penaeus*

日本对虾

Penaeus japonicus Spence Bate, 1888

门	节肢动物门	Arthropoda
	甲壳动物亚门	Crustacea
纲	软甲纲	Malacostraca
目	十足目	Decapoda
科	对虾科	Penaeidae
属	对虾属	*Penaeus*

体表具鲜艳横斑纹，头胸甲和腹节上有棕色、蓝色相间的横斑，尾节末端有蓝、黄色横斑和红色的边缘毛。雌虾成体体长13~16 cm，雄虾成体体长11~14 cm，广温、广盐性虾类，栖居于10~60 m的泥沙质沉积物环境中。白天较少活动，夜间活动较频繁。最适生存温度为25~30 ℃，摄食双壳贝类等小型生物。日本对虾是近年来我国主要的对虾养殖虾类，肉质鲜美，营养丰富。在东海沿岸水域，日本对虾多与日本刺参、鲛、三疣梭子蟹和缢蛏等物种进行混养，此种方式实现了养殖生物对饵料的充分利用，提高了养殖池塘的利用效率。

长毛对虾

Penaeus penicillatus Alcock, 1905

体长 13~20 cm。甲壳表面较薄，体表光滑。额角超过第 1 触角柄末端，上缘背缘有 7~8 个齿，下缘腹缘有 4~6 个齿，额角基部显著隆起。额角后脊延伸至头胸甲后缘附近。头胸甲有胃上刺、触角刺和肝刺，无肝脊。尾节背面有中央沟，两侧缘无刺。

长毛对虾体蓝灰色，有棕色斑点，尾肢末端红褐色，腹肢末端淡红色。在自然海区，幼虾常喜欢聚集于浅水内湾及河口附近觅食，随着幼虾迅速发育成长和生理生态上的变化，逐渐离开浅海内湾及河口区域向较深的水域栖息活动。长毛对虾食性很广，幼体阶段食物主要以单细胞藻类为主，随着个体的增长，食物组成也逐步扩大，主要食物为底栖动物。长毛对虾海捕鱼汛为每年 10 月至翌年 1 月份。

在我国的东海和南海均有分布。国外分布于印度、巴基斯坦、印度尼西亚、菲律宾附近海域，阿拉伯海也有分布。

门	节肢动物门	Arthropoda
	甲壳动物亚门	Crustacea
纲	软甲纲	Malacostraca
目	十足目	Decapoda
科	对虾科	Penaeidae
属	对虾属	*Penaeus*

哈氏米氏对虾

Mierspenaeopsis hardwickii (Miers, 1878)

门	节肢动物门 Arthropoda
	甲壳动物亚门 Crustacea
纲	软甲纲 Malacostraca
目	十足目 Decapoda
科	对虾科 Penaeidae
属	米氏对虾属 *Mierspenaeopsis*

虾体长6~10 cm。甲壳表面较厚且坚硬，体表光滑。额角细长，超过第1触角柄末端，基部上缘微隆起，中部向下弯曲，末端尖细，稍微上扬。额角齿式为7~8/0，背缘有7~8个齿，上缘末1/2无齿，腹缘无齿。额角后脊几乎延伸至头胸甲后缘。鳃区中部有一条纵缝，延伸至头胸甲侧缘。眼较大，眼柄粗短。尾节两侧缘无刺。

哈氏米氏对虾体青色，尾肢末端棕黄色，腹肢棕色。属近岸暖水种，栖息于水深70 m以内不同底质的海底，30 m以内的沿岸水域分布较密集。是中国黄海、东海的重要捕捞对象之一，所捕产品多数加工成虾仁出口到海外，经济价值较高。

在我国的黄海南部和东海北部均有分布。国外分布于日本、巴基斯坦、印度、新加坡、马来西亚等地海域。

大管鞭虾
Solenocera melantho de Man, 1907

体长6~12 cm。甲壳表面光滑。额角较短，未达到眼的末端。额角背缘有8个齿，腹缘无齿。齿式为8/0。额角后脊明显，延伸至头胸甲后缘，额角后脊与颈沟交会处无缺刻。尾节背面中央有纵沟，侧缘近末端有1对固定刺。

身体呈橙红色，腹肢基部白色，第2触角鞭红白相间。栖息于60~250 m底质为沙质软泥海区以及南海北部外陆架。生活在水温13~25 ℃，盐度34‰以上的高盐水海域，是高温高盐性虾类。繁殖期在每年7—11月，高峰期9—10月。大管鞭虾是水产加工企业生产冻虾仁的重要原料。生产出的虾仁色泽鲜红，质量上等，深受消费者青睐，是中国东海外海和南部的重要捕捞对象之一。

在我国的东海和南海均有分布。国外分布于朝鲜、日本、印度尼西亚、菲律宾等地海域。

门	节肢动物门 Arthropoda 甲壳动物亚门 Crustacea
纲	软甲纲 Malacostraca
目	十足目 Decapoda
科	管鞭虾科 Solenoceridae
属	管鞭虾属 *Solenocera*

高脊管鞭虾

Solenocera alticarinata Kubo, 1949

门	节肢动物门 Arthropoda
	甲壳动物亚门 Crustacea
纲	软甲纲 Malacostraca
目	十足目 Decapoda
科	管鞭虾科 Solenoceridae
属	管鞭虾属 *Solenocera*

体长7~11 cm。甲壳表面光滑。额角短，平直，未达到眼的末端。额角齿式背缘有7~8个齿，腹缘无齿。额角后脊显著突起，呈薄片状，延伸至头胸甲后缘，近末端处向下弯曲。额角后脊与颈沟交会处有一缺刻。尾节背面中央有纵沟，侧缘近末端有1对固定刺。

高脊管鞭虾身体呈橙红色，腹肢基部白色，第2触角鞭红白相间。属高温高盐种，栖息于水深50~100 m的海底。高脊管鞭虾可直接食用或制成虾仁，是中国东海外海和南部的重要捕捞对象之一，具有较高的经济价值。

在我国的东海和南海均有分布。国外分布于日本、菲律宾。

凹陷管鞭虾

Solenocera koelbeli de Man, 1911

地方名为红虾或外海红虾。头胸甲表面光滑，体橙红色。体长范围6~11 cm，体重范围2~20 g。属高温高盐的暖水性虾类。肉食性，主要摄食底栖无脊椎动物。主要分布于水深60~120 m的大陆架海域，多栖息于沙砾、沙泥底质海底。凹陷管鞭虾属一年生的中型虾类，目前是桁杆拖网作业的重要捕捞对象，是我国重要出口创汇对象冻虾仁的重要原材料。凹陷管鞭虾最佳利用时间是接近或达到性成熟阶段，此时个体最大，经济价值最高。

在我国分布于东海、南海，国外分布于日本和马来西亚。

门	节肢动物门 Arthropoda 甲壳动物亚门 Crustacea
纲	软甲纲 Malacostraca
目	十足目 Decapoda
科	管鞭虾科 Solenoceridae
属	管鞭虾属 *Solenocera*

双凹鼓虾
Alpheus bisincisus De Haan, 1849

门	节肢动物门　Arthropoda
	甲壳动物亚门　Crustacea
纲	软甲纲　Malacostraca
目	十足目　Decapoda
科	鼓虾科　Alpheidae
属	鼓虾属　*Alpheus*

鼓虾科中等大型的虾类，成体长度一般为3~5 cm。其头胸甲光滑，具眼罩，额角较大，锐三角形，几乎伸至第1触角柄第1节近末缘，额角背面平扁，两侧具明显沟，背面观，额角悬于沟上。第1触角柄长，几乎伸至触角鳞片侧刺末端，柄刺宽阔，末端尖锐，伸至第1节末端。第1步足左右不对称；大螯长为宽的2.4~2.5倍，指节长于掌节的1/3，短于其1/2，掌部上缘具浅横沟，横沟向两侧延伸分别形成浅的近三角形和近四边形凹陷；掌上缘近侧的肩稍尖而突出，远侧的肩不突出，圆润；掌下缘具明显缺刻，稍向两侧延伸，其肩部尖；长节末端具1齿。

小螯雌雄异形；雄性小螯细长，长度约为宽的4倍，指节约为掌节的1/2。雌性小螯指节稍长于掌节的1/2，不具刚毛环。第2步足腕节具5亚节，近身第1亚节长度最长。后3对步足形态相似；第3步足座节具1刺，长节无刺，指节简单，单爪状，约为掌节长度的1/3。尾节具2对背侧刺，2对后缘刺，末缘稍圆润。

栖息于热带和温带海洋中，常出没于潮间带到潮下带的浅海海域，尤喜在珊瑚碎块及砾石中觅食。

在我国主要分布在黄海、东海及南海的浅海海域，国外见于马尔代夫、印度尼西亚、新加坡、日本等地海域。

鲜明鼓虾

Alpheus distinguendus de Man, 1909

　　成体体长通常35~55 mm，体背面棕色或褐色，有鲜明斑纹，长有1只小钳子和1只与身体不相称的大钳子。遇敌时开闭大螯之指，发出响声如小鼓，故称鼓虾。栖息于沿岸浅海，幼体浮游。喜欢穴居于海底泥沙。鲜明鼓虾虽非我国沿海重要的经济物种，但在沿海部分区域内具有一定的数量优势，例如鲜明鼓虾在春、冬两季内是东海南麂列岛海洋自然保护区内的数量优势物种。鲜明鼓虾和日本鼓虾的生态位重叠显著，表明二者对资源利用方式具有相似性。

　　分布于我国沿海各海区，以及印度洋—西太平洋海域。

门	节肢动物门 Arthropoda 甲壳动物亚门 Crustacea
纲	软甲纲 Malacostraca
目	十足目 Decapoda
科	鼓虾科 Alpheidae
属	鼓虾属 *Alpheus*

日本鼓虾
Alpheus japonicus Miers, 1879

门	节肢动物门 Arthropoda
	甲壳动物亚门 Crustacea
纲	软甲纲 Malacostraca
目	十足目 Decapoda
科	鼓虾科 Alpheidae
属	鼓虾属 *Alpheus*

额角尖细，达第1触角柄第1节末端，额角后脊不明显。尾节背面圆滑，无纵沟，具2对可动刺。大螯细长，长为宽的3~4倍。体长3~5 cm，体重1~3 g，属于小型虾类。暖温性种类，分布于我国沿海及日本近岸，栖息于泥沙底质浅海区域。日本鼓虾个体较小，食用价值较低，经济价值不高。在东海近岸水域，冬、春季内日本鼓虾种群数量较高，通常是区域内大型底栖动物群落中的优势种。东海水域部分较大个体鱼类的食性分析结果表示，日本鼓虾是此类经济鱼类的重要食物。日本鼓虾和细巧仿对虾生态位重叠显著，二者对资源的利用方式相似。

水母深额虾

Latreutes anoplonyx Kemp, 1914

个体较大，成体体长一般为3~6 cm，通常呈棕红色间以黑白斑点，头胸部及腹部背面常形成纵斑。其额角侧扁，背腹缘之间极宽，侧面略呈三角形；腹缘自眼的前方极度向腹面伸展，向前渐窄，末端呈箭头状。额角之形状雌雄略有不同，雌性个体较短而宽，雄性个体较长而窄；额角的齿数变化较大，通常背缘具7~22齿，腹缘6~11齿，齿比较小，有时不很明显。头胸甲具胃上刺及触角刺，前侧角锯齿状，具小齿8~12个；胃上刺较小，胃上刺之后圆滑，不存在疣状突起。尾节末端较宽，中央突出尖角，尖角两侧有活动小刺2对。眼粗短，眼柄宽于眼角膜。第1触角柄短而宽，第1触角柄刺宽，圆形；第1触角柄第1

门	节肢动物门 Arthropoda 甲壳动物亚门 Crustacea
纲	软甲纲 Malacostraca
目	十足目 Decapoda
科	藻虾科 Hippolytidae
属	深额虾属 *Latreutes*

节背面外缘末端具一尖刺，第2、3节无刺。第2触角鳞片未延伸至额角尖端，长约为宽的4倍，自中部向前渐窄，末端形成一尖刺。第3颚足具外肢，略微超出第2触角鳞片中点，末端着生角质刺8个或9个。第1步足延伸至第1触角柄第1节末端，指短于掌。第2步足细长，螯超出第2触角鳞片中点，指稍短于掌；腕节由3亚节构成，中间一节最长，长度大于第1、2两节之和。第3步足最长，可延伸至第2触角鳞片末端；指节细长，末端单爪状。第4、5步足构造与第3步足相似。前4对步足具上肢。尾肢与尾节等长，其外肢的外末角具有一活动刺。

栖息于温带和热带海域，常常与水母共栖，生活于大型水母的口腕处，亦可自由生活。

主要分布于印度—太平洋海域，在我国从北到南浅水海域均有分布，国外见于印度、缅甸、日本、菲律宾、印度尼西亚等地海域。

多齿船形虾

Tozeuma lanceolatum Stimpson, 1860

门	节肢动物门 Arthropoda
	甲壳动物亚门 Crustacea
纲	软甲纲 Malacostraca
目	十足目 Decapoda
科	藻虾科 Hippolytidae
属	船形虾属 *Tozeuma*

体形比较独特，身体细长，成体一般体长6~12 cm。其体表光滑，不具纤细短刚毛。额角非常长，至少为头胸甲长度的2倍；背缘无齿，腹缘具齿20~40个。头胸甲具触角刺及发达的颊刺。第3腹节侧甲背侧中后部强烈隆起，顶端具朝后的尖刺3个，其中中线上的尖刺最为强壮，其两侧的尖刺大小相同；第4、5腹节侧甲背侧后缘向后延伸出刺状突起；第5腹节侧甲后下缘尖锐，后缘中部亦具一尖刺；尾节背缘具3对活动刺，末缘中间开裂双叉状。第1触角柄3节末端均无刺；第1触角柄刺超出触角柄基节末缘，但未至第2节中点。第2触角鳞片狭长，尖端具一刺。第3颚足粗短，末节扁平状。第1步足延伸至颊刺根部。第2步足腕节分为3亚节，近身端亚节最长，长节长度与腕节近似相等。后3对步足构造近似，指节单爪；长节末端外侧一般均仅具一活动尖刺。

多栖息于温带和热带海域，生活在水深30~1350 m的海域。

在我国主要分布在东海、南海。国外主要分布在新加坡、菲律宾。

日本沼虾
Macrobrachium nipponense (De Haan, 1849)

俗称青虾、河虾，体形粗短，分为头胸部与腹部两部分，头胸部较粗大，往后依次减小，体长一般4~8 cm。体呈青灰色并有棕色斑纹，由此而得名。体色常随栖息环境而变化。栖息于我国南北地区的江河、湖泊和河口区域，以及西北太平洋和东南亚区域。日本沼虾具有较高的食用价值和经济价值，是我国近年来重要的淡水养殖经济虾类，养殖区域集中在长江中下游的浙江、江苏、安徽等地。据2017年《中国渔业统计年鉴》统计，我国虾类养殖产量203.21万t，其中日本沼虾27.26万t。

门	节肢动物门 Arthropoda 甲壳动物亚门 Crustacea
纲	软甲纲 Malacostraca
目	十足目 Decapoda
科	长臂虾科 Palaemonidae
属	沼虾属 *Macrobrachium*

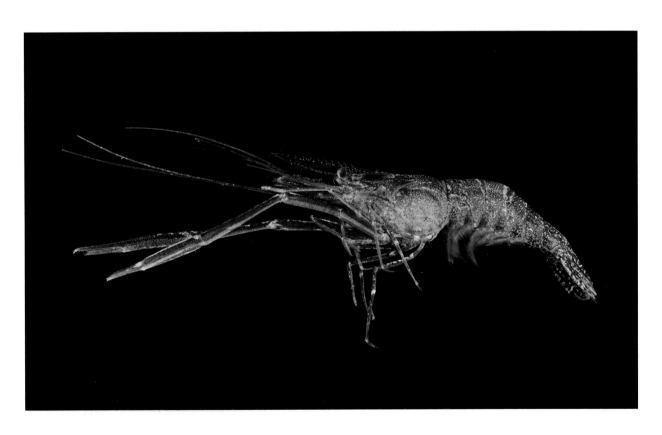

脊尾白虾

Palaemon carinicauda Holthuis, 1950

门	节肢动物门　Arthropoda 甲壳动物亚门　Crustacea
纲	软甲纲　Malacostraca
目	十足目　Decapoda
科	长臂虾科　Palaemonidae
属	长臂虾属　*Palaemon*

　　成体体长5~9 cm，中小型底栖虾类。广泛分布于中国大陆沿岸、朝鲜半岛西岸，栖居于暖温带海区的浅海低盐水域。杂食，成虾以浮游动、植物为食，并逐渐向底栖饵料生物过渡。以黄、渤海产量最高，是我国三大经济虾类之一。由于脊尾白虾具有广温性、广盐性、繁殖率高等特点，具有较高的经济价值，此物种已逐渐成为咸淡水养殖的重要对象，是我国沿海新兴的养殖虾类，已成为沿海滩涂地区的主要特色水产养殖品种，目前针对此物种已成功开发出海水池塘内的混养、轮养、兼养等养殖方式。

葛氏长臂虾

Palaemon gravieri (Yu, 1930)

额角上缘基部平直，末端1/3甚细，稍微向上扬起，上缘背缘有11~17个齿，末端附近有1~2个较小的附加齿；下缘腹缘有5~7个齿。触角刺与鳃甲刺近似等大，鳃甲沟明显。第二对步足甚长，指节显著短于掌部，可动指基部有2个齿状突起。末后三对步足十分纤细，掌节长约为指节的1.6倍，远长于指节。

体半透明，略带淡黄色，全身有棕红色大块斑纹，第1至第3腹节背甲与侧甲之间为浅色横斑。生活于泥沙底的浅海，河口附近也有，通常在距岸边较远之处较多。不做远距离洄游，冬季在深水域越冬，春季游向沿岸河口附近水域产卵。繁殖季节在5—8月，卵较小，为棕绿色。其肉质细嫩，可鲜食，亦可加工成虾米，属于经济虾类，常用小型底拖网、张网类渔具捕捞。

在国内主要分布于渤海、黄海、东海。在国外分布于朝鲜和日本海域。

门	节肢动物门 Arthropoda 甲壳动物亚门 Crustacea
纲	软甲纲 Malacostraca
目	十足目 Decapoda
科	长臂虾科 Palaemonidae
属	长臂虾属 *Palaemon*

巨指长臂虾
Palaemon macrodactylus Rathbun, 1902

门	节肢动物门 Arthropoda 甲壳动物亚门 Crustacea
纲	软甲纲 Malacostraca
目	十足目 Decapoda
科	长臂虾科 Palaemonidae
属	长臂虾属 *Palaemon*

　　额角基部平直，末部向上弯曲，超出第2触角鳞片的末端，背缘有10~13个齿，有3个齿位于眼眶缘后方的头胸甲上，末端有1~2个附加齿。触角刺与鳃甲刺近似等大。第2步足指节稍微短于掌部。后3对步足指节细长，掌节远长于指节。

　　体半透明，稍微带黄褐色及棕褐色斑纹，其背面条纹较模糊，卵小，呈棕绿色。生活于沿岸潮间带、浅海和河口内半咸水域。近海渔船拖网常捕获，可食用。为经济种，但数量不大，经济价值不高。

　　在我国分布于辽宁、山东、江苏、浙江、福建、广东沿海。国外分布于日本、朝鲜，后来陆续引入太平洋东岸、大西洋东岸、地中海，已形成自然种群。

太平长臂虾
Palaemon pacificus (Stimpson, 1860)

额角基部平直，末端向上翘，超出第2触角鳞片的末端，背缘有7~8个齿，基部有2~3个齿位于眼眶缘后的头胸甲上，末端有1~2个附加小齿；下缘腹缘有4个齿。头胸甲的触角刺稍微大于鳃甲刺。第2对步足掌部掌节明显长于两指指节，为指节长的1.3~1.5倍。末后3对步足较粗短。第5对步足指节伸至第2触角鳞片的末端附近。

体透明，头胸部有黑褐色斜斑纹，腹部有同色横斑。在潮间带岩沼中常见，数量不多，无经济价值。

在我国浙江以南沿海地区有分布，广泛分布于印度—太平洋海域，如南非、印度、朝鲜、日本、印度尼西亚等地海域。

门	节肢动物门 Arthropoda 甲壳动物亚门 Crustacea
纲	软甲纲 Malacostraca
目	十足目 Decapoda
科	长臂虾科 Palaemonidae
属	长臂虾属 *Palaemon*

强壮微肢猬虾

Microprosthema validum Stimpson, 1860

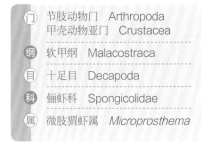

门	节肢动物门 Arthropoda 甲壳动物亚门 Crustacea
纲	软甲纲 Malacostraca
目	十足目 Decapoda
科	俪虾科 Spongicolidae
属	微肢猬虾属 *Microprosthema*

中等大小，其成体长度一般为2.5~4 cm。其额角基部宽，呈三角形，不超过第2触角鳞片；背缘具一列5~8枚齿，腹缘具0~1枚齿，侧缘无齿。头胸甲多强壮的短刺，指向前方；颈沟明显。第3到第5腹节背甲具一道明显的中央纵脊。尾节宽矛状，背面具两道对称的纵脊，脊上具3枚刺。第3步足最发达，掌节宽胖，稍向内弯，背缘具一脊，腹背缘具刺，内表面具大量小疣突。第4、第5步足结构相似，指节分两叉。

主要栖息于温带和热带浅海海域，常出没于浅水水底岩石缝隙及珊瑚缝隙中。

在我国主要分布在浙江以南沿岸浅水海域。国外主要分布在日本、菲律宾、澳大利亚等印度洋—西太平洋海域。

锦绣龙虾

Panulirus ornatus (Fabricius, 1798)

体长20~60 cm。头胸甲略微呈圆筒状，刺较少且小，前缘有不同大小的刺，眼大且呈肾状，眼上刺粗大。腹部光滑无横沟，侧甲前缘平滑，但第2至第5侧甲基部后缘呈锯齿状。尾节呈长方形，末缘呈圆弧形。

体表呈绿色而头胸甲略为蓝色。腹部各节包括尾柄背面中部有宽黑色横带，各步足棕色，上有黄白色圆环，腹肢呈黄色，卵为橙色。锦绣龙虾生活在珊瑚外围的斜面至较深的泥沙质地。通常栖息在水深1~10 m处，最深纪录为145 m，以岩礁及礁斜面之静水处为多，有时也可在河口附近水质较混浊之泥底处发现。可食用，产量不大，外壳可作为装饰品，经济价值较高。

在我国的东海和南海均有分布。国外分布于日本、印度、印度尼西亚、新加坡、菲律宾、澳大利亚等地海域。

门	节肢动物门 Arthropoda 甲壳动物亚门 Crustacea
纲	软甲纲 Malacostraca
目	十足目 Decapoda
科	龙虾科 Palinuridae
属	龙虾属 *Panulirus*

九齿扇虾

Ibacus novemdentatus Gibbes, 1850

门	节肢动物门 Arthropoda 甲壳动物亚门 Crustacea
纲	软甲纲 Malacostraca
目	十足目 Decapoda
科	蝉虾科 Scyllaridae
属	扇虾属 *Ibacus*

　　蝉虾科的大型种类，成体长度一般为12~20 cm。其头胸甲及腹部均扁平。头胸甲向两侧极其扩展，宽度略大于长度，两侧缘锯齿状，具短刚毛，前缘第1齿深裂，其前边缘小锯齿状，具短刚毛。头胸甲中央部分具纵脊，其中最中间的脊上具4个突起。眼小，眼柄极短，具眼窝，眼窝接近于头胸甲前缘中央。第1触角短小，具触角鞭；第2触角发达，但不具触角鞭，触角柄极其扩展，宽而平扁。第3颚足长节膨大。5对步足均简单，不具螯。

　　主要栖息于温带和热带海域，常常生活于水深70~250 m沙泥底质环境。其腹部肌肉较为发达，可食用，但产量很小。

　　在我国主要分布在东海、南海海域。国外主要分布在日本以及东非沿岸海域。

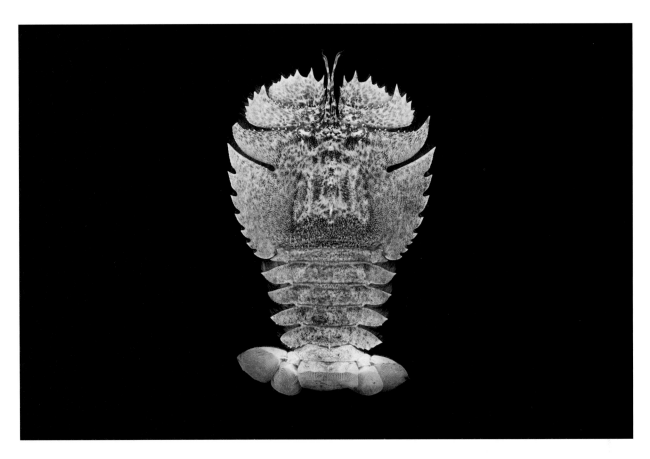

装饰拟豆瓷蟹

Enosteoides ornatus (Stimpson, 1858)

头胸甲卵圆形。额中叶末端向下弯曲，侧叶不突出，背面观额呈三角形。肝区边缘有1枚刺，鳃区侧缘向外凸出，具多枚刺（可达8枚）。螯足近等大；腕节前缘锯齿状，近端有几枚明显的长刺，后缘有6~9枚刺；掌节宽而扁平，外缘锯齿状并长有羽状毛，近外缘有1列刺，背表面具1隆起的中脊，表面外半部具有多个大而圆形的隆起，近半部有小而矮的瘤突。步足长节前缘有1~3枚小刺或突起；第1、2步足腕节末端有2枚刺，第3步足1枚；前节后缘具5枚可动棘；指节后缘具4棘或5棘。尾节具7块节板。

常生活于潮下带珊瑚礁缝隙中、海绵和海藻丛中。在福建及以南的中国浅海区域比较常见。

在我国分布于福建、广西、台湾、香港、海南等地。国外分布于巴基斯坦、印度、澳大利亚、日本。

门	节肢动物门 Arthropoda 甲壳动物亚门 Crustacea
纲	软甲纲 Malacostraca
目	十足目 Decapoda
科	瓷蟹科 Porcellanidae
属	拟豆瓷蟹属 *Enosteoides*

哈氏岩瓷蟹

Petrolisthes haswelli Miers, 1884

（门）节肢动物门 Arthropoda
甲壳动物亚门 Crustacea

（纲）软甲纲 Malacostraca

（目）十足目 Decapoda

（科）瓷蟹科 Porcellanidae

（属）岩瓷蟹属 *Petrolisthes*

头胸甲近卵圆形，表面分布有细小的横纹，通常密生短毛。额近三角形。前鳃刺1对，鳃区侧缘无棘刺。螯足近等大；腕节背面前缘具4~6齿，后缘具3枚刺并着生羽状毛；掌节无棘刺，背表面具大量短小的横褶线，褶线或隆起呈小的瘤突并着生短而密的细毛。步足长节前缘列生浓密的羽状（呈棒状）刚毛，无棘刺，第1、2步足长节后缘末端各具1刺；第1步足腕节前缘具有末端刺；前节后缘具4枚可动棘；指节末端爪粗短，后缘具3棘。尾节具7块节板。

生活在潮间带和潮下带岩石缝隙中、碎石下面，在退潮时常常隐藏在靠近浪花飞溅区的岩缝中，不喜泥沙较多的滩涂。在中国南方潮间带中非常普遍，在礁石海岸生态系统中常常构成优势种。

在中国见于从浙江南部到海南岛的沿海各地。国外广泛分布在西太平洋热带和亚热带区域。

日本岩瓷蟹
Petrolisthes japonicus (De Haan, 1849)

头胸甲卵形。额呈三角形。无前鳃刺，鳃区侧缘无任何棘刺。螯足近等大；腕节背面前缘近端具1窄齿（有时2枚），其余部分光滑，后缘末半部分具2~3枚刺；掌节无刺。步足长节前缘无刺，第1、2步足长节后缘末端各有1枚小刺；第一步足腕节前缘具1枚末端刺；前节后缘具5枚可动棘；指节后缘具3棘。尾节具7块节板。

生活在潮间带岩石缝隙中。同哈氏岩瓷蟹一样，常常栖息在靠近浪花飞溅区的岩缝中，不喜泥沙滩涂。在中国南方潮间带中也非常普遍，在礁石海岸生态系统中常有较高的栖息密度。

在我国分布于浙江、香港、广西、福建、台湾。国外分布于日本、朝鲜、越南。

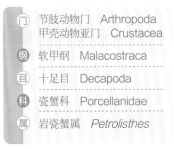

门	节肢动物门 Arthropoda 甲壳动物亚门 Crustacea
纲	软甲纲 Malacostraca
目	十足目 Decapoda
科	瓷蟹科 Porcellanidae
属	岩瓷蟹属 *Petrolisthes*

鳞鸭岩瓷蟹

Petrolisthes boscii (Audouin, 1826)

门	节肢动物门 Arthropoda
	甲壳动物亚门 Crustacea
纲	软甲纲 Malacostraca
目	十足目 Decapoda
科	瓷蟹科 Porcellanidae
属	岩瓷蟹属 *Petrolisthes*

　　头胸甲长略大于宽，背表面分布有许多长短不一的横隆脊，胃区隆脊长且明显隆起。额近三角形。前鳃刺1对，鳃区侧缘无任何棘刺。螯足近等大，各节背表面具长的隆脊；腕节前缘具3~5齿，后缘末端部分具3枚刺；掌节近外缘具一排刺（稍小个体）或刺突（稍大个体）。步足长节前缘无棘刺，长有一列硬刚毛，另覆有长羽状毛，第1、2步足长节后缘末端具1枚尖锐的刺；第1对步足腕节具1枚末端刺；前节后缘具4枚可动棘；指节后缘具3棘。尾节具7块节板。

　　栖息于潮间带岩石缝隙中，但分布范围比较窄。

　　在我国分布于浙江、香港、广西、福建、台湾。国外分布于日本、朝鲜、越南。

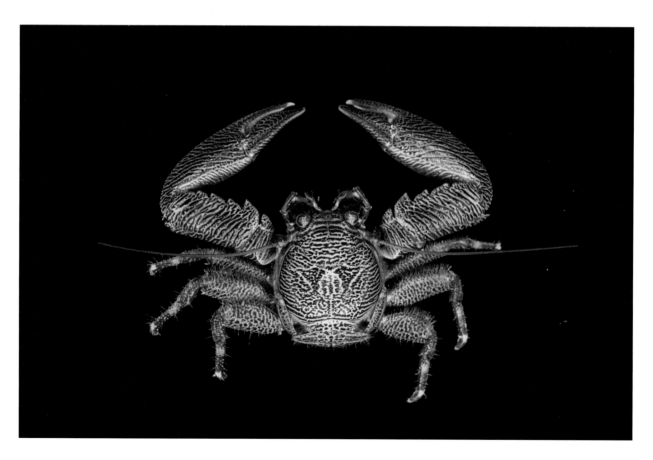

锯额豆瓷蟹
Pisidia serratifrons (Stimpson, 1858)

头胸甲近卵形。额三叶形，边缘锯齿状，中叶末端稍向下弯曲。肝区边缘有2~3枚刺，鳃区侧缘具1~2枚小刺。螯足不等大，雌体大小螯结构近似，雄体大螯明显粗壮；小螯腕节背面前缘具2宽齿，后缘具2枚刺；雄体大螯腕节前缘平滑或波状，齿不明显，后缘刺有时退化。小螯掌节扁长，外缘背面具一排刺，长有长而密的羽状毛，背表面中部隆起成一纵脊，脊上光滑或长有小刺；雄性大螯掌节厚，表面及外缘光滑，无刺无毛；小螯不动指末端呈双叉状，可动指明显扭曲，两指切缘无齿，指间有明显的空隙。雄性大螯两指短粗，可动指强烈扭曲，切缘基部和不动指切缘中部各有1钝齿。步足长节前缘无刺（部分个体或有小刺）；第1步足腕节前缘末端有2枚刺，其余步足1枚；前节后缘具5~6枚可动棘；指节后缘具5棘，末端一枚基部显著隆起。尾节具7块节板。

门	节肢动物门	Arthropoda
	甲壳动物亚门	Crustacea
纲	软甲纲	Malacostraca
目	十足目	Decapoda
科	瓷蟹科	Porcellanidae
属	豆瓷蟹属	*Pisidia*

生活在潮间带到浅水（有记录68 m）区域，在北方的海域的扇贝笼、海藻丛以及砾石下非常常见，有时会聚集成较高的栖息密度。

广泛分布于西北太平洋亚热带和温带海区。

中华绒螯蟹

Eriocheir sinensis (H. Milne-Edwards, 1853)

门	节肢动物门 Arthropoda 甲壳动物亚门 Crustacea
纲	软甲纲 Malacostraca
目	十足目 Decapoda
科	弓蟹科 Varunidae
属	绒螯蟹属 *Eriocheir*

俗称河蟹、毛蟹和大闸蟹等。头胸甲呈圆方形，两只大螯上着生较为浓密的绒毛，物种因此得名。成体头胸甲长约47 mm，宽约53 mm，体形较大。原产于我国，分布在我国境内北起辽宁、南至福建各省河流，其中以长江水系产量最大、种质最优异。长江口流域中华绒螯蟹幼蟹通常在江河湖泊生长至2龄，9月下旬退壳为绿蟹；10月中下旬待水温骤降时亲蟹离开江河湖泊向河口浅海做降海生殖洄游。长江口区域适宜亲蟹交配产卵的温度为8~12 ℃，盐度为15‰~25‰。江苏、安徽、湖北是国内中华绒螯蟹的养殖大省，阳澄湖是江苏省主要养殖基地，阳澄湖清水大闸蟹是中华绒螯蟹中的精品，被喻为"蟹中之王"。

下齿细螯寄居蟹

Clibanarius infraspinatus (Hilgendorf, 1869)

活额寄居蟹科中的小型种类，成体长度一般 3~4 cm。其楯部近方形，下缘凸圆，长稍大于宽，背部表面具簇状短刚毛和点状突起。额角锐角形，末端尖；侧突小，短于额角。眼发达，眼柄长，几乎等长于楯部长度，首尾两端略膨胀；角膜半球形；眼鳞近三角形，前缘稍凹，顶端具 2~4 刺。螯足左右近似对称，或右螯略小，形态也相似；螯足可动指和不动指闭合状态时具缝隙，指节背缘表面具 2~3 行点状突起和刚毛丛，外侧面亦具成行的点状突起；掌部背缘及靠外的侧面具大的齿状突起；腕节背靠外侧缘具 3 齿，周缘散布小刺状突起；长节背缘及外侧缘具小齿，腹缘远侧具 1 大齿，外侧缘锯齿状。步足各节略光滑，具成行簇状短刚毛；指节明显长于掌节，端部为黑色角质刺，外侧面稍隆起呈脊状，腹缘末半端具 7~8 角质刺；掌节背缘具齿，略呈锯齿状，腹缘具小齿；腕节背缘锯齿状。尾节后叶不对称，其中缝较小，左后叶大于右后叶，后缘均具 1~5 角质尖刺。

栖息于热带和温带海洋，通常生活于河口处的细沙底质或潮间带泥沙环境。

下齿细螯寄居蟹的分布范围很广，在我国的东海南部、南海近岸海域均有踪迹。国外见于泰国、马来西亚、新加坡、越南、菲律宾、日本、印度尼西亚、澳大利亚、缅甸等地海域。

门	节肢动物门 Arthropoda 甲壳动物亚门 Crustacea
纲	软甲纲 Malacostraca
目	十足目 Decapoda
科	活额寄居蟹科 Diogenidae
属	细螯寄居蟹属 *Clibanarius*

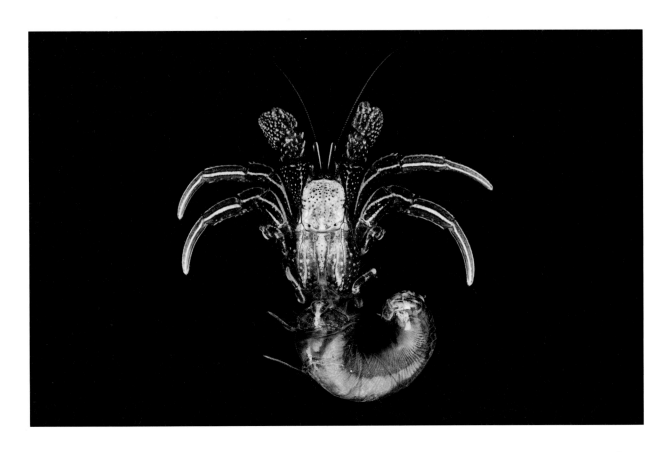

兰绿细螯寄居蟹
Clibanarius virescens (Krauss, 1843)

门	节肢动物门 Arthropoda
	甲壳动物亚门 Crustacea
纲	软甲纲 Malacostraca
目	十足目 Decapoda
科	活额寄居蟹科 Diogenidae
属	细螯寄居蟹属 *Clibanarius*

活额寄居蟹科中的小型种类，成体体长 2.5~3.5 cm。其楯部近方形，长略大于宽，表面光滑，具稀疏刚毛。额角三角形，末端尖锐，侧突小，短于额角。眼发达，眼细长，几乎等长于楯部长度，基部略膨大；角膜半球形，眼鳞宽三角形，末缘具 2~4 刺及少数刚毛。螯足几乎相等，右螯比左螯稍大，形态相似；螯指闭合状态时具间隙，两指切缘均具大齿状突起；左侧螯足掌节和指节外侧面具黑色角质刺，锥形；掌部背缘具 5~6 强壮齿；腕节背缘具 3 小齿，其中靠近基部的较小或者退化。第 3 步足指节稍短于掌节，背侧缘具脊状突起，腹缘具 6~7 角质刺，背腹缘均具簇状长刚毛；掌节背侧缘具瘤状脊，末缘具 1~2 刺状突起，腹缘具小刺；腕节背末端具刺。尾节中缝很小，后叶左右略不对称，两后叶末缘中部锯齿状，左后叶靠边缘的刺较大。

栖息于热带和温带海域，通常出没于珊瑚礁、沙质底、海草床等环境。

分布范围很广，在我国的东海南部、南海近岸海域均有踪迹。国外见于日本、泰国、印度尼西亚、澳大利亚、斐济等地海域。

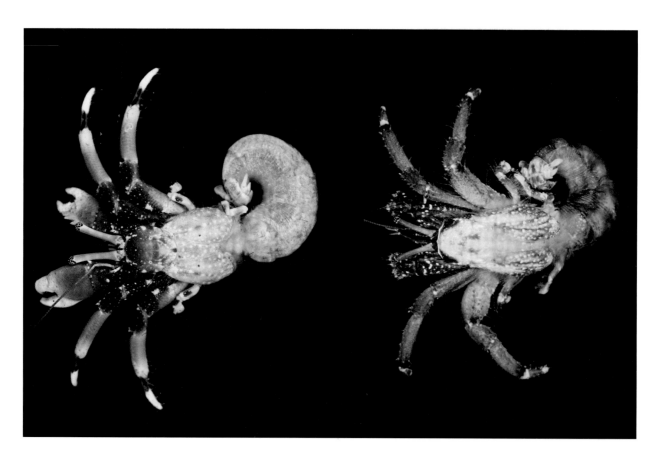

弯螯活额寄居蟹

Diogenes deflectomanus Wang et Tung, 1980

活额寄居蟹科中个体较小的种类，成体长度一般2.6~3.8 cm。其楯部呈近八边形，长度稍大于宽度，背部前面及周缘部分具刺状突形成的脊，突脊周围具刚毛。额角小，近钝角状，侧突小，外侧前缘锯齿状。眼发达，眼柄相对粗短；眼鳞近三角形，前缘倾斜，锯齿状。螯足左右不对称，左螯显著大于右螯；左侧螯足指节明显向下弯曲，螯指闭合状态时具缝隙，指节背缘中部具1行脊状突起，背缘外侧面具1行小突起，散布小颗粒状突起；掌部背缘具1行大齿状突起，腹缘外侧面和中间部位具2行突起，背腹缘其他部分密布小颗粒状突起；腕节背缘具1行刺状突起，外侧面密布小颗粒，腹缘仅末端具刺；长节腹缘上半部分具数个大齿，其他部分密布颗粒状突起。第3步足指节显著长于掌节，约为掌节长度的1.5倍，指节外侧面具1细槽，背缘具浓密刚毛；掌节背缘近身半部具数个小刺，其周围具长刚毛；腕节背缘具小刺和刚毛；长节无刺。尾节后叶左右不对称，中缝小，左后叶略大于右后叶，两叶末缘均锯齿状。

栖息于热带和温带海域，一般居于玉螺的壳中，比较喜欢出现在泥沙质的环境。

目前该种仅报道于我国，分布在黄海、东海、南海的近岸海域。

门	节肢动物门 Arthropoda 甲壳动物亚门 Crustacea
纲	软甲纲 Malacostraca
目	十足目 Decapoda
科	活额寄居蟹科 Diogenidae
属	活额寄居蟹属 *Diogenes*

毛掌活额寄居蟹
Diogenes penicillatus Stimpson, 1858

门	节肢动物门	Arthropoda
	甲壳动物亚门	Crustacea
纲	软甲纲	Malacostraca
目	十足目	Decapoda
科	活额寄居蟹科	Diogenidae
属	活额寄居蟹属	*Diogenes*

活额寄居蟹科中个体较小的种类，成体长度一般为3~5 cm。其楯部近似多边形，后缘圆润突出，前缘中央具小刺，长宽近似相等；楯部背面具脊刺状横纹，着生簇状刚毛。额角小而退化，钝圆形，侧突明显，钝角形，顶端尖锐。眼发达，眼柄相对短；眼鳞近扇形，前侧缘锯齿状，其中前缘顶端的1~2刺较大；两眼鳞间具尖锐额突，刺状，稍超出眼鳞中部。螯足左右不对称，左螯显著大于右螯；整个螯的外侧面具浓密的细刚毛，刚毛底下散布刺状突起；螯指切缘具大小不等的圆齿状突起；指节背缘为锯齿状，末端的刺较大；掌部背缘具2~3行刺状突起，外侧面则具小颗粒状突起；腕节背缘末端具10~12刺，外侧面近末端具1行小刺，腹缘具1行大齿；长节背缘、末缘和腹缘均具刺状突起。第3步足指节稍长于掌节，为掌节长度的1.2~1.4倍，略向内弯曲，端部尖锐；腕节背外侧缘多刺，整个步足外侧面均覆盖细刚毛。尾节后叶左右不对称，中缝很小，末缘内凹，左后叶大于右后叶，末缘均具数个大小不等的刺，左后叶下侧缘锯齿状。

栖息于热带和温带海域，尤喜沙质环境。

主要分布于我国东海南部、南海近岸海域，以及日本沿岸水域。

同形寄居蟹

Pagurus conformis De Haan, 1849

寄居蟹科中的小型种类，成体长度2.2~3.3 cm。其楯部矮胖心形，宽大于长；额角退化，仅楯部前缘中端圆润突起，侧突明显，超出额角。眼发达，眼柄相对较短；角膜半球形，前端显著膨胀；眼鳞略呈圆卵状。螯足左右不对称，右侧螯足大于左侧螯足；右螯螯部及各节表面具齿状突起，侧缘具长刚毛；螯指切缘具齿状突起，指节背面靠外侧具成排的刺状突起，掌部的齿状突起比较有规律，一般成排而将掌部划分为几个分界，腕节背面的突起比较分散，突起周围具簇状短刚毛，腹面中央具1小孔。左螯形态与右螯相似。前两对步足较长，形态相似；指节细长；掌节和腕节背外缘均具一排小刺。尾节后叶左右不对称，左后叶稍大于右后叶，具明显中缝，左右后叶末缘及侧缘为强烈锯齿状。

主要栖息于热带和温带海洋，喜欢寄居于腹足类的螺壳中。

在我国主要分布在黄海、东海、南海的近岸海域。国外见于日本。

门	节肢动物门	Arthropoda
	甲壳动物亚门	Crustacea
纲	软甲纲	Malacostraca
目	十足目	Decapoda
科	寄居蟹科	Paguridae
属	寄居蟹属	*Pagurus*

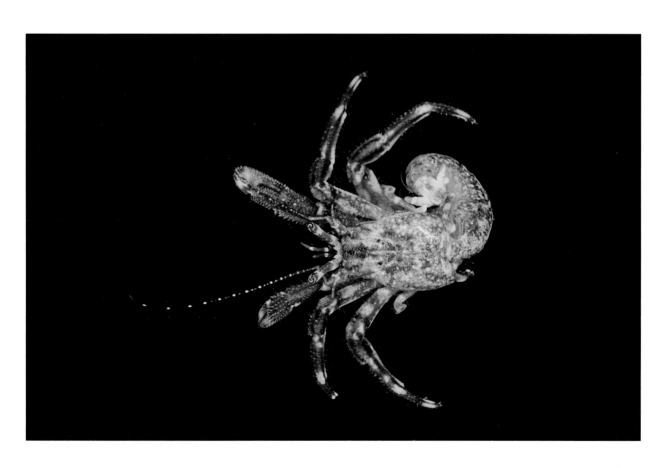

德汉劳绵蟹
Lauridromia dehaani (Rathbun, 1923)

门	节肢动物门　Arthropoda
	甲壳动物亚门　Crustacea
纲	软甲纲　Malacostraca
目	十足目　Decapoda
科	绵蟹科　Dromiidae
属	劳绵蟹属　*Lauridromia*

中小型低等蟹类，其成体长度一般为4~6 cm。其头胸甲很宽，表面密布短软毛和成簇硬刚毛，分区可辨，鳃心沟和鳃沟明显，胃、心区具一"H"形沟。额具3齿，中齿较侧齿小且低位，背面可见。上眼窝齿很小，下眼窝齿大，额后及侧缘附近低洼。前侧缘具4齿，末两齿间距小。后侧缘斜直，具1齿。后缘横直。螯足粗壮、等大，长节呈三棱形，前宽后窄，背缘甚隆，具4齿，内、外缘具不明显小齿。腕节外末缘具两个疣状突起。掌节粗壮，宽大于长。背缘基半部具一齿及两枚细颗粒。可动指长于掌节，两指基半部具绒毛，末半部光滑无毛，内缘具8~9枚钝齿。第1对步足为最长，第3对最短小。前两对步足瘦长，长节背缘隆起，近末端有成簇短刚毛。腕节前宽后窄。掌节与指节等长。指的背缘具两排刷状短刚毛。末两对步足短小，位于背面，末两节各具1小刺，相对呈钳状。

栖息于热带和温带海域，常常生活于水深8~150 m的细沙、泥沙碎壳底质环境。

在我国主要分布于浙江及以南的沿岸海域。国外在韩国、日本、印度尼西亚、印度、南非等地海域也有分布。

逍遥馒头蟹

Calappa philargius (Linnaeus, 1758)

　　头胸甲背部隆起，表面具有5条纵列的疣状突起，侧面具软毛。前侧缘具有颗粒状齿，后侧缘具有3齿，后缘中部具1个圆钝齿，其两侧各具4枚三角形锐齿。额窄，前缘凹陷。眼后方具半环状的斑纹。螯足外侧面具大的斑点。步足细长光滑。

　　逍遥馒头蟹生活在潮下带30~100 m深的沙质或泥沙质的海底。在部分地区被称为面包蟹、元宝蟹。在东海产量较大，且个头较大，具有一定的经济价值。

　　在我国分布于海南、台湾、福建。国外分布于朝鲜、日本、印度尼西亚、新加坡等地海域。

门	节肢动物门　Arthropoda 甲壳动物亚门　Crustacea
纲	软甲纲　Malacostraca
目	十足目　Decapoda
科	馒头蟹科　Calappidae
属	馒头蟹属　*Calappa*

短刺伊神蟹

Izanami curtispina (Sakai, 1961)

门	节肢动物门 Arthropoda 甲壳动物亚门 Crustacea
纲	软甲纲 Malacostraca
目	十足目 Decapoda
科	黎明蟹科 Matutidae
属	伊神蟹属 *Izanami*

　　头胸甲的表面光滑，背面有6枚明显的突起。额分4叶，中叶突出。前侧缘有10枚小钝齿，侧刺短小，呈三角形。螯足对称，长节近末端有两条斜脊；腕节内角齿状，背面有3斜列小颗粒；掌节背面有3枚锐齿，外侧面有附加发声隆脊；可动指内缘中部具一宽齿和2枚小齿。第1~3对步足长节后缘有4~5个小刺。雌性腹部长卵圆形，尾节呈宽三角形。

　　栖息于水深35~217 m的软泥或碎壳底，拖网作业时可捕获，数量很少。

　　在我国分布于东海和南海。国外在日本和马达加斯加有分布。

红线黎明蟹

Matuta planipes Fabricius, 1798

　　头胸甲近圆形，成体宽度稍大于长度，长宽一般均小于4 cm，表面有6个不明显的疣状突起；密布由红点所连成的红线，较为美观。主要生存在浅水海域和潮间带中、低潮区，栖息地水深可达40 m，喜居于细、中沙或碎壳泥质沙等类型的沉积物环境中。物种扁平的步足不仅可助游泳，受惊时可用末对步足在沙中掘沙，由体后部迅速潜入沙中。可食用，但个头很小、肉少，非沿海重要的经济物种。

　　分布于我国各海域，以及朝鲜、日本、澳大利亚、印度尼西亚、新加坡、南非等印度洋—太平洋海域。

门	节肢动物门 Arthropoda
	甲壳动物亚门 Crustacea
纲	软甲纲 Malacostraca
目	十足目 Decapoda
科	黎明蟹科 Matutidae
属	黎明蟹属 *Matuta*

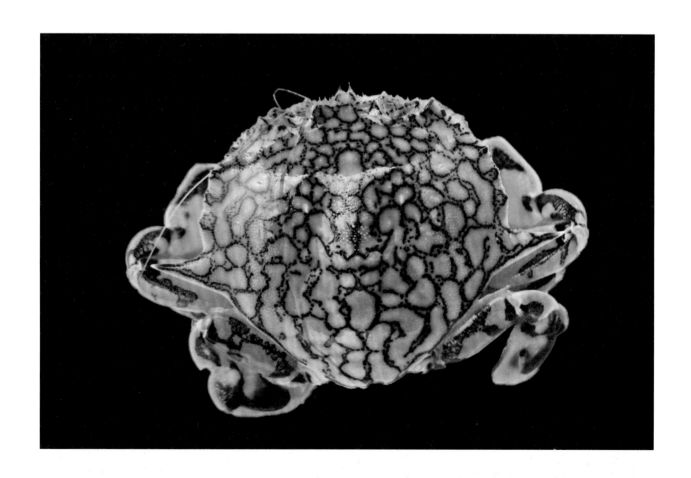

双角卵蟹
Gomeza bicornis Gray, 1831

门	节肢动物门 Arthropoda
	甲壳动物亚门 Crustacea
纲	软甲纲 Malacostraca
目	十足目 Decapoda
科	盔蟹科 Corystidae
属	卵蟹属 *Gomeza*

　　头胸甲呈长卵形，背部前2/3隆起，后部较扁平，表面具颗粒及短绒毛，分区可辨。额被"V"形缺刻分为2个三角形齿。内眼窝齿很长，明显超过额齿。两侧缘拱形，包括尖锐而突出的外眼齿在内共具9齿，第2~4齿较大，后缘短而平直。螯足不十分壮大，密具颗粒及绒毛，腕节内末角呈锐齿形，两指亦具长绒毛。步足各节前后缘密具长绒毛，表面具微细颗粒，指节棒形较前节为长。腹部短小，三角形，第3~5节愈合。

　　生活于水深30~50 m的软泥底。

　　分布在我国的东海。国外分布于日本、澳大利亚、印度尼西亚、新加坡、斯里兰卡。

四齿关公蟹

Dorippe quadridens (Fabricius, 1793)

成体体长一般5~7 cm。其身具密毛（螯足指、掌节及末两对步足的末两节除外），幼体的毛更为显著。雄性个体的头胸甲背面突起较高，具光滑疣，而在雌性，其突起较低，年幼标本的突起上还有颗粒。头胸甲背面凹凸不平，分区显著，约具17枚疣状突起，雄性心区具一"Y"形颗粒脊，分叉部分短于基部，雄性心区具一"V"形颗粒脊，其背内具2~6枚小齿，前侧缘具齿。额窄小，具2枚三角形齿，齿端呈圆形，外眼窝齿锐长，超出额齿末端，下眼窝齿大而弯，其长度超出额齿的末端，齿的外侧具5~6枚小齿。螯足对称或不对称（有些个体掌膨大），座节、长节、腕节及掌节的基部表面具颗粒，两指内缘均有小齿。第2对步足最长，第1对次之，末两对短小，位于近背面，腕节瘦长，末两节呈钳形。

主要栖息于温带和热带海域，尤喜12~50 m的浅水海域，大部分于30 m之内，底质为泥、软泥、沙质泥、碎壳、珊瑚及海绵，这种蟹通常用末对步足钩住海绵或一片贝壳背在头胸甲上。

四齿关公蟹的分布范围很广，在我国分布于东海、南海。国外分布于菲律宾、印度尼西亚、澳大利亚等地海域。

门	节肢动物门 Arthropoda 甲壳动物亚门 Crustacea
纲	软甲纲 Malacostraca
目	十足目 Decapoda
科	关公蟹科 Dorippidae
属	关公蟹属 *Dorippe*

伪装仿关公蟹

Dorippoides facchino (Herbst, 1785)

门	节肢动物门 Arthropoda 甲壳动物亚门 Crustacea
纲	软甲纲 Malacostraca
目	十足目 Decapoda
科	关公蟹科 Dorippidae
属	仿关公蟹属 *Dorippoides*

成体体长一般为1.8~2.6 cm。其头胸甲宽而短，中部扁平，侧面和后部甚凸，分区显著，颈沟深而连续，但雄性年幼个体及雌性个体的颈沟不明显，中部中断。背面除额区和鳃区有颗粒外，其余均光滑。额宽，中央具一"V"形缺刻，分成两个锐齿，内口沟隆脊由背面可见。内眼窝齿钝圆，外眼窝齿锐长，腹眼窝齿也锐长，但突出于额齿的末端。前侧缘向外斜直，后侧缘向外呈弧状突出，后缘呈波纹状。雄性螯足近于对称或不对称，对称者其两螯末两节的形状、大小相似，不对称者则大小悬殊。长节呈三棱形，有短软毛，内、外侧面光滑无毛。两指光滑无毛。可动指长于不动指，内缘有钝齿，两螯近于等长，其掌部背缘及可动指基部背缘有短毛，掌部内侧面无任何突起。前两对步足侧扁，除指节裸露外，各节的后缘有短绒毛。末两对步足短小，位于近背面，除指节外，密具短毛。

主要栖息于温带和热带海域，尤喜6~69 m的近岸水域，底质为粗沙或沙质泥，从1月至10月都有抱卵的雌蟹，但以4月为多，这种蟹常用末两对步足钩住伸展海葵置于背部，用来伪装保护自己。

伪装仿关公蟹在印度洋—西太平洋分布很广，在我国主要分布在东海南部及南海近岸。在国外主要分布在越南、菲律宾、马来西亚、新加坡、泰国、印度尼西亚、印度、缅甸、斯里兰卡等地海域。

颗粒拟关公蟹

Paradorippe granulata (De Haan, 1841)

成体体长一般为3.2~5.8 cm。其头胸甲的宽度稍大于长度，表面密具微细颗粒，分区沟较浅。额部稍突出，密具绒毛，前缘凹，分成2个三角形齿。内眼窝齿短小，外眼窝齿较锐，约抵额齿末端，腹眼窝齿短小。雄性个体螯不对称，除两指外，表面均具颗粒，掌部背缘具短绒毛，并延伸至可动指基半部，前2对步足无绒毛，表面密具颗粒，末2对步足短小具绒毛。雄性第一腹肢粗壮，中部弯向腹外侧，末半部基部的腹面突出肿胀，末端几丁质部分呈叉形。腹部第3~6节有横行隆线，第3、6节腹面两侧有2隆块，尾节三角形。雌性腹部卵形，尾节基部嵌入第6节，近三角形。

主要栖息于热带和温带海域，尤喜浅海泥沙质环境。

在我国主要分布在山东、福建、广东、台湾、海南。国外主要分布在日本、朝鲜等地海域。

门	节肢动物门	Arthropoda
	甲壳动物亚门	Crustacea
纲	软甲纲	Malacostraca
目	十足目	Decapoda
科	关公蟹科	Dorippidae
属	拟关公蟹属	*Paradorippe*

司氏酋妇蟹

Eriphia smithii MacLeay, 1838

　　头胸甲呈圆扇形，背面稍隆，分区明显。额区、肝区及侧胃区均具刺状及锥形颗粒，上肝区有2浅沟向后斜行。额缘中部被1深缺刻，分为2叶，各叶前缘具6~7小齿，额区中部具1纵沟。前侧缘包括外眼窝齿在内共具7刺，自前向后依次渐小。螯足甚不对称，长节具细颗粒及锯齿，大螯腕节及掌节外侧面的颗粒稀少而低平，小螯腕、掌节外侧的珠状颗粒突出而明显。步足长节前缘具微细颗粒。腹部窄长，分7节，尾节三角形。

　　生活于低潮线的岩石缝、洞中及珊瑚礁丛中，行动敏捷，较为凶猛。

　　在我国分布于海南、福建。国外分布于日本、澳大利亚及非洲等地海域。

阿氏强蟹
Eucrate alcocki (Serene, 1973)

头胸甲近圆方形，表面隆起，光滑，中部具1块较大的红色斑块，头胸甲的前半部分散有大小不等的红色斑点。额缘平直，中部具1浅缺刻，分2叶。前侧缘具2枚三角形齿，第1齿钝，第2齿尖锐，其后具1模糊的齿痕。两性螯足稍不对称，表面具分散的红斑，长节背缘近末端具1三角形齿，腕节内末角突出，齿状，外末部具一层绒毛，掌节光滑，背面向内侧突出1隆脊。步足细长，各节均具长刚毛，长节背、腹面具颗粒。

生活于50 m左右的泥沙底。多见于近岸的拖网渔获中。

在我国分布于广东、福建、台湾。国外见于越南、印度。

门	节肢动物门 Arthropoda
	甲壳动物亚门 Crustacea
纲	软甲纲 Malacostraca
目	十足目 Decapoda
科	宽背蟹科 Euryplacidae
属	强蟹属 *Eucrate*

隆线强蟹

Eucrate crenata (De Haan, 1835)

门	节肢动物门	Arthropoda
	甲壳动物亚门	Crustacea
纲	软甲纲	Malacostraca
目	十足目	Decapoda
科	宽背蟹科	Euryplacidae
属	强蟹属	*Eucrate*

　　头胸甲近圆方形，前半部较后半部稍宽；表面光滑，具隆起，具红色小斑点。成体头胸甲长约20 mm，宽约30 mm，属小型蟹类，经济价值不高。通常栖息于水深30~100 m的泥沙质沉积物环境中，在低潮区的石块下亦有隐伏。黄姑鱼好捕食此蟹。已有针对隆线强蟹性状特征和体质量关系的研究表明，头胸甲宽与体质量的相关系数最大，头胸甲宽对体质量的直接作用最大。

　　在我国分布于广东、福建、山东和河北等地沿海。国外分布于朝鲜、日本、泰国、印度等地海域。

长手隆背蟹
Carcinoplax longimanus (De Haan, 1833)

体呈深红色。头胸甲呈横卵圆形，胃区和心区两侧有浅沟。额宽，两侧角突出呈齿状。外眼窝角呈钝角形。前侧缘具2齿，幼年个体明显，成体不明显。螯足不对称，右螯常大于左螯，长节背缘近末端和腕节内外末角各具1锐齿；掌节内侧面近末端具1钝突起；指节内缘具不等大的钝齿。第1~3步足的指节前后缘和第4步足指节的前缘各具2列短毛。雄性和雌性腹部近三角形。

栖息于水深30~100 m的泥以及沙质或具贝壳的海底上，是拖网的常见种，一年四季均有出现。

在我国的东海和南海均有分布。国外分布于朝鲜、日本、印度、南非。

门	节肢动物门 Arthropoda
	甲壳动物亚门 Crustacea
纲	软甲纲 Malacostraca
目	十足目 Decapoda
科	长脚蟹科 Goneplacidae
属	隆背蟹属 *Carcinoplax*

弓背易玉蟹

Coleusia urania (Herbst, 1801)

门	节肢动物门 Arthropoda
	甲壳动物亚门 Crustacea
纲	软甲纲 Malacostraca
目	十足目 Decapoda
科	玉蟹科 Leucosiidae
属	易玉蟹属 *Coleusia*

　　体形较大，头胸甲略呈宽菱形，背面隆起很高，光滑。额前缘突出，不分齿，额后有一中线隆起。前侧缘呈波纹状，基部1/3具珠状颗粒，后侧缘呈弧形，末1/3处也具珠状颗粒。胸窦前端深长而窄，窦底具8枚珠形颗粒。螯足十分粗壮，长节的前、后缘具珠粒。腕节略呈三角形，内缘具细颗粒。掌节呈长方形，内缘具1列颗粒脊延伸至不动指的基部。步足扁平，第1对最长，末对最短，长节近圆柱形，边缘有细颗粒，指节呈宽披针形。

　　多见于福建和广东的潮下带环境，在近岸拖网渔船的渔获中较为常见。

　　国内分布于广东、福建。在国外见于印度、新加坡和泰国。

豆形拳蟹

Pyrhila pisum (De Haan, 1841)

体形较小，背甲长度及宽度很少超过4 cm，螯足粗壮。头胸甲豆形，长度一般大于宽度，物种因此得名。北部海域数量较多，通常生活在浅海区域以及潮间带低潮区泥沙滩。以鱼类和贝类尸体为食，最大敌人是河鲀及大型鱼类，遇到危险时有"装死"的特性，让敌人对其失去食欲。豆形拳蟹外壳坚硬，是保护身体的最佳利器，但厚硬外壳导致物种移动缓慢。与一般蟹类物种不同，豆形拳蟹腹肢关节灵活，既能横行，也能直行。

分布于我国北自辽东半岛、南至广东的广阔海域，以及朝鲜、日本、印度尼西亚、菲律宾和新加坡等地海域。

门	节肢动物门	Arthropoda
	甲壳动物亚门	Crustacea
纲	软甲纲	Malacostraca
目	十足目	Decapoda
科	玉蟹科	Leucosiidae
属	豆形拳蟹属	*Pyrhila*

象牙常氏蟹

Tokoyo eburnea (Alcock, 1896)

门	节肢动物门 Arthropoda 甲壳动物亚门 Crustacea
纲	软甲纲 Malacostraca
目	十足目 Decapoda
科	玉蟹科 Leucosiidae
属	常氏蟹属 *Tokoyo*

体呈橙红色。头胸甲呈圆球形，背面隆起，光滑，分区不明显。额缘分2叶。前侧缘有不明显的锯齿，后侧缘光滑无刺，侧缘交接处具1齿突。螯足纤细，特别长，长为头胸甲的3~4.5倍，除指节外，各节均呈圆柱形。步足扁平光滑，指节末端具短毛。雌性腹部卵圆形。

主要栖息于水深30~210 m的细沙、泥质沙或贝壳沉积物中。7月可在东海捕获抱卵雌蟹。

在我国的东海和南海有分布。国外分布于日本、菲律宾、澳大利亚、印度等地海域。

日本大眼蟹

Macrophthalmus (Mareolis) japonicus (de Haan, 1835)

较为显著的形态学特征是两只眼睛像天线一样伸出。头胸甲显著较宽，宽度约为长度的1.5倍，表面具颗粒及软毛，雄性尤密。个体较小，雄性个体略大，成体头胸甲长达25 mm，宽达39 mm；雌性头胸甲长达20 mm，宽达30.5 mm。常穴居于近海潮间带或河口处的泥沙滩。退潮时，数以亿计的日本大眼蟹便会出现在滩涂上觅食。数量很多，是制作蟹酥、蟹酱的原料，具有一定的经济价值。

国内分布于台湾、海南、福建、浙江、山东、辽宁等地。国外分布于日本、朝鲜和新加坡等地海域。

门	节肢动物门 Arthropoda 甲壳动物亚门 Crustacea
纲	软甲纲 Malacostraca
目	十足目 Decapoda
科	大眼蟹科 Macrophthalmidae
属	大眼蟹属 *Macrophthalmus*

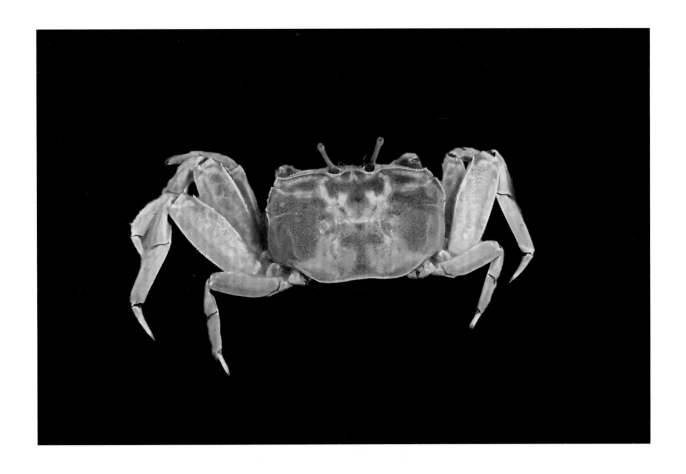

羊毛绒球蟹
Doclea ovis (Fabricius, 1787)

门	节肢动物门 Arthropoda
	甲壳动物亚门 Crustacea
纲	软甲纲 Malacostraca
目	十足目 Decapoda
科	卧蜘蛛蟹科 Epialtidae
属	绒球蟹属 *Doclea*

头胸甲呈圆球形，表面隆起，密具短绒毛，胃区有4颗突起，心区3颗，肠区1颗似已退化。额向前伸出，分2齿。颊区具1锐刺。前侧缘具3齿，末1齿很小。螯足长节密具绒毛，腕、掌节均光滑。步足圆柱形，除第1步足指节末半部及第2、3步足指节外均密具短绒毛，第1步足的长度约为头胸甲长的2.2倍。第1胸甲内侧具1突起。雄性第1腹肢直立，末端分2裂片，如错开的豆芽瓣状。腹部近三角形。雌性腹部大。

多生活于河口的泥底、近岸的潮下带泥质底上或距海岸不远的泥滩或卵石滩上。

在我国分布于广东、福建。国外分布于日本、印度。

腥味较重，故经济价值不大。

环状隐足蟹
Cryptopodia fornicata (Fabricius, 1787)

头胸甲呈横五角形，薄片状，覆盖着全部步足。中部隆起，使两侧及后侧呈三角倾斜面。额部突出呈三角形，两侧缘略拱，具不明显锯齿。前侧缘在肝区处较平直，向后略凹陷，具不规则锯齿约20个，后侧缘与后缘连成一半环状弧线。螯足强大，不对称，各节呈三棱形，边缘薄而锐，长节前缘具3~4枚锯齿，掌节背缘具5~6枚锐齿，外缘具3枚较为突出锯齿，内缘具钝齿，9~10枚，步足细小。

生活在25~105 m沙质或碎贝壳沙海底。

在我国分布于广东、海南、台湾、福建。国外分布于日本、澳大利亚、菲律宾、新加坡、泰国、斯里兰卡。

门	节肢动物门	Arthropoda
	甲壳动物亚门	Crustacea
纲	软甲纲	Malacostraca
目	十足目	Decapoda
科	菱蟹科	Parthenopidae
属	隐足蟹属	*Cryptopodia*

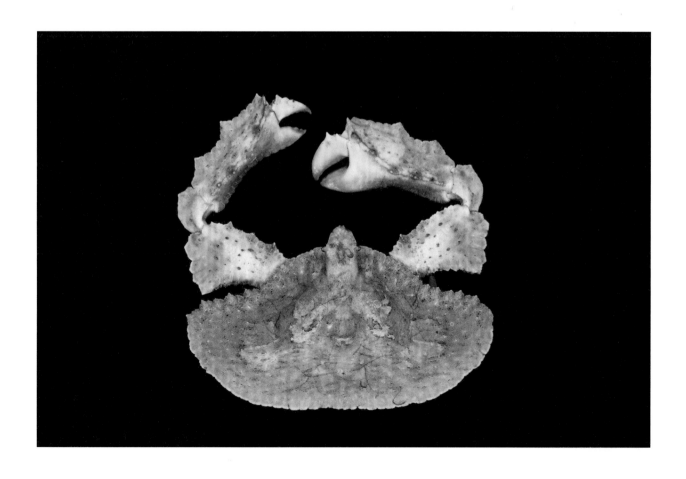

强壮武装紧握蟹

Enoplolambrus validus (De Haan, 1837)

门	节肢动物门	Arthropoda
	甲壳动物亚门	Crustacea
纲	软甲纲	Malacostraca
目	十足目	Decapoda
科	菱蟹科	Parthenopidae
属	武装紧握蟹属	*Enoplolambrus*

头胸甲呈菱形，胃、心区与鳃区隆起，两者之间有深沟相隔。各区隆起处具大小不等的疣状突起。额角末部呈锐三角形或刺形。肝区和鳃区边缘之间具1缺刻。螯足长大，两指末部黑色。步足扁平，长节前后缘、腕节和前节的前缘具有锯齿。

喜泥沙底质，运动能力不强，在潮间带和潮下带比较常见。以食泥沙里的小生物为生。

广泛分布于我国黄海、渤海、东海和南海。国外分布于朝鲜、日本、澳大利亚、越南等地海域。

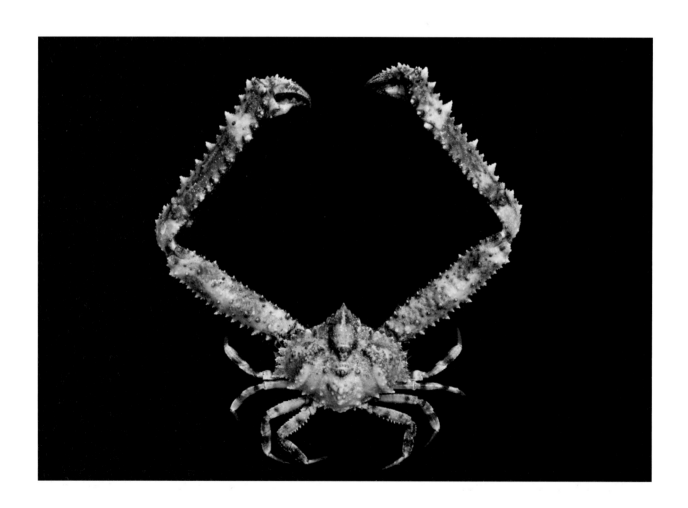

双刺静蟹
Galene bispinosa (Herbst, 1783)

头胸甲隆起，分区可辨，表面具细麻点，侧线附近细颗粒明显。额为缺刻分成两叶，前侧缘具齿状突起3枚，首齿最小，末两齿突出，各齿间具短毛。螯足粗壮，略不等大，步足细长，长节前缘具细锯齿状颗粒。头胸甲前半部灰褐色，心、肠区黑褐色，侧区灰绿色至黄棕色。螯足掌部及指茧指黄棕色，背缘淡紫色。步足红棕色至暗棕色。

生活于沙、泥质浅海底，在浙江以南的浅海较常见，常出现在近岸拖网渔获中。

在我国分布于广东、广西、台湾、福建。国外分布于日本、澳大利亚、新加坡、印度。

门	节肢动物门	Arthropoda
	甲壳动物亚门	Crustacea
纲	软甲纲	Malacostraca
目	十足目	Decapoda
科	静蟹科	Galenidae
属	静蟹属	*Galene*

细点圆趾蟹

Ovalipes punctatus (De Haan, 1833)

门	节肢动物门 Arthropoda
	甲壳动物亚门 Crustacea
纲	软甲纲 Malacostraca
目	十足目 Decapoda
科	梭子蟹科 Portunidae
属	圆趾蟹属 *Ovalipes*

俗称沙蟹、牛角蹄。头胸甲甲长范围为9~75 mm，甲宽10~98 mm。细点圆趾蟹盛产于东海和黄海，属广温广盐性种类，繁殖盛期3—5月。是我国东海海域梭子蟹科中资源密度最高、数量最多的经济蟹类，年捕捞量高达2×105 t以上。物种在东海海域春季数量为最多，冬季最重。细点圆趾蟹目前主要加工成蟹肉罐头或冷冻蟹肉制品，目前针对此物种的加工工艺已有较多数量的研究。

分布于我国的黄海、东海和南海。国外分布于秘鲁、智利、乌拉圭、日本、澳大利亚、新西兰及南非等地海域。

疏毛杨梅蟹
Actumnus setifer (De Haan, 1835)

头胸甲圆厚，隆起，前半部半圆形，后半部窄，表面有细绒毛，分区明显，去毛后可见均匀小颗粒。额突起，先前弯曲，前缘中部有一"V"形缺刻。背眼窝缘隆起，边缘有颗粒，内眼窝角钝角状，外眼窝角三角形。螯足不对称，大螯可动指的内缘有2个齿，不动指的内缘有白齿，小螯两指的内缘各有3~4个齿。步足表面有绒毛。雄性第1腹肢细长，末端指状。尾节锐三角形。

常见于岩石缝或珊瑚礁浅海中。

在我国分布于东海、南海。国外分布于日本、泰国、澳大利亚、印度、南非等地海域。

门	节肢动物门 Arthropoda 甲壳动物亚门 Crustacea
纲	软甲纲 Malacostraca
目	十足目 Decapoda
科	毛刺蟹科 Pilumnidae
属	杨梅蟹属 *Actumnus*

锐齿蟳

Charybdis acuta (A. Milne-Edwards, 1869)

门	节肢动物门 Arthropoda
	甲壳动物亚门 Crustacea
纲	软甲纲 Malacostraca
目	十足目 Decapoda
科	梭子蟹科 Portunidae
属	蟳属 *Charybdis*

体呈红色。头胸甲呈横钝六角形，表面有绒毛，具明显的横行颗粒隆脊，额区的1对很短。额分6锐齿，中央齿较两侧的更为突出，第2侧齿略小于第1侧齿，各齿边缘近基部具颗粒。内眼窝角尖锐；腹眼缘外侧具1缺刻。前侧缘具6锐齿，第1齿最小，末齿最大。螯足不等大，粗壮，长节前缘具3锐齿；腕节内末角具1尖锐长刺，外侧面具3刺；掌节背面具5壮齿，外侧面具3条隆线。游泳足长节后缘近末端具1长的锐刺。雄性腹部三角形。

喜栖息于水深10~20 m的水草中。拖网时可捕获。

在我国分布于东海和南海。国外分布于日本和朝鲜。

近亲蟳
Charybdis affinis Dana, 1852

头胸甲表面具绒毛，前半部具横行的细隆线：额区、侧胃区和后胃区各具1对，中胃区与前鳃区各有1条，后半部无隆线。额缘分6齿，中间的2齿稍突出。前侧缘具6齿，第1齿钝切，稍向内弯，第2~5齿逐渐向后增大，末齿较小，向侧方突出，超过前方各齿。螯足膨大，掌节厚，背面具2条隆脊及5刺，末部的2枚刺很小，外侧面具3条光滑的隆脊，内侧面具1条光滑的隆脊。游泳足长节后缘末端处具1壮刺。

为温带和热带种，生活于沙质或泥沙质的浅海底。在南海有较高的产量，但个头中等，经济价值不高。

在我国分布于浙江、福建、广东、广西、台湾、香港。国外分布于泰国、新加坡、马来西亚、印度尼西亚、印度等地海域。

门	节肢动物门 Arthropoda 甲壳动物亚门 Crustacea
纲	软甲纲 Malacostraca
目	十足目 Decapoda
科	梭子蟹科 Portunidae
属	蟳属 *Charybdis*

双斑蟳

Charybdis (Gonioneptunus) bimaculata (Miers, 1886)

门	节肢动物门 Arthropoda 甲壳动物亚门 Crustacea
纲	软甲纲 Malacostraca
目	十足目 Decapoda
科	梭子蟹科 Portunidae
属	蟳属 *Charybdis*

　　头胸甲宽度约为长度的1.5倍，表面覆以浓密的短绒毛和分散的低圆锥形颗粒，特别在额部及前侧缘处较多，横行的颗粒隆线较为显著。成体头胸甲长约23 mm，宽约35 mm，是一种小型的非经济蟹类。生活在泥质或沙质的海底，栖息地水深20~430 m。在东海、黄海区蟹类群落结构中占据数量优势地位，水深和表层盐度对双斑蟳的分布特征影响较大，且均为正相关关系。在黄海、东海近岸底栖生物食性功能群中占有重要地位，是许多高营养级鱼类的饵料生物。

　　分布于我国的渤海、黄海、东海。在国外分布于朝鲜、日本、澳大利亚、印度等地海域。

锈斑蟳

Charybdis feriata (Linnaeus, 1758)

头胸甲表面光滑，中线上有1条纵向带状橘黄色斑纹，与前胃区横向同色带斑纹交叉，头胸甲背面其他部分也有红黄相间的锈斑。胃心区有"H"形沟。额前缘有6个锐齿。头胸甲前侧缘有6个齿。螯足粗壮，长节前缘有3~4个齿。雄性第1腹肢端部细长，外侧有密刚毛，内侧有刺状刚毛。第6腹节宽大于长度。

栖息于近岸浅海海底或珊瑚礁的礁盘上，栖息水深为10~30 m。

在我国分布于东海、南海。国外分布于日本、澳大利亚、印度、等地海域。

个体较大，肉味鲜美，有较高的经济价值。

门	节肢动物门 Arthropoda 甲壳动物亚门 Crustacea
纲	软甲纲 Malacostraca
目	十足目 Decapoda
科	梭子蟹科 Portunidae
属	蟳属 *Charybdis*

日本蟳

Charybdis japonica (A. MilneEdwards, 1861)

门	节肢动物门 Arthropoda
	甲壳动物亚门 Crustacea
纲	软甲纲 Malacostraca
目	十足目 Decapoda
科	梭子蟹科 Portunidae
属	蟳属 *Charybdis*

俗称石蟹和赤甲红。头胸甲呈横卵圆形，表面隆起。胃、纵区常具微细的横行颗粒隆线。螯足壮大，不甚对称，步足各节背、腹缘均具刚毛。属于广温广盐性的中大型蟹类，生存温度3~32 ℃，盐度6.5‰~45.5‰。通常栖息于潮下带区域，喜居于沙质或砾石类型的沉积物环境，不喜欢泥质。自然水域中主要捕食小鱼、小虾、贝类。肉质细嫩，味道鲜美，营养丰富，深受消费者喜爱，具有较高的食用价值和经济价值，是我国重要的海水养殖蟹类。

分布于我国自南至北的广大沿海区域，以及日本、朝鲜、越南等地海域。

武士蟳

Charybdis miles (de Haan, 1835)

个体中等，头胸甲卵圆形，宽约6 cm，表面有密短绒毛，分区模糊；中鳃区有成团的颗粒，其后缘有浅黄色眼斑。额前缘有6个锐齿，中部2个齿较长；内眼窝齿尖；头胸甲前侧缘有6个锐齿。第3颚足座节光滑，有凹点，长节外侧角突出。螯足大，长节前缘有45个齿；游泳足长节后缘末端有2~3个小刺。雄性第1腹肢端部细长。腹部第2与第3节有横脊，第4节有短脊。尾节三角形。

栖息于水深10~200 m的沙或泥底质的海底。

在我国分布于东海、南海。国外分布于日本、澳大利亚、菲律宾、新加坡、印度等印度—西太平洋等地浅海。

有一定的经济价值。

门	节肢动物门 Arthropoda 甲壳动物亚门 Crustacea
纲	软甲纲 Malacostraca
目	十足目 Decapoda
科	梭子蟹科 Portunidae
属	蟳属 *Charybdis*

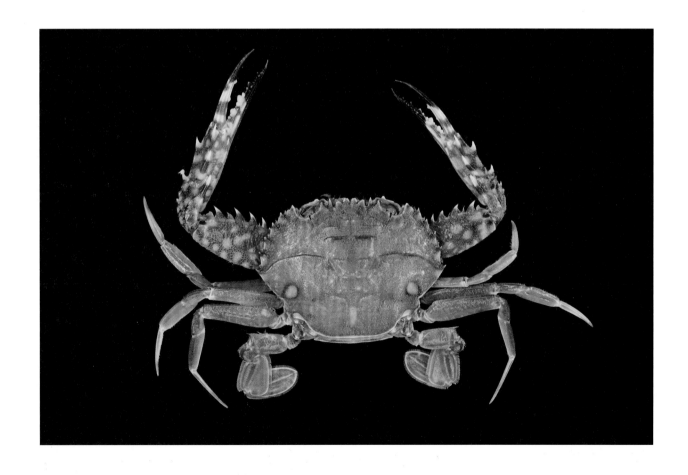

善泳蟳

Charybdis natator (Herbst, 1794)

门	节肢动物门 Arthropoda 甲壳动物亚门 Crustacea
纲	软甲纲 Malacostraca
目	十足目 Decapoda
科	梭子蟹科 Portunidae
属	蟳属 *Charybdis*

头胸甲隆起，表面密布绒毛；除末齿外，前侧齿基部附近的头胸甲表面具颗粒；表面有长短不等的颗粒隆脊，心区有1对隆脊，中鳃区、后鳃区共有3对隆脊。额分6齿。前侧缘具6齿：第1齿末端平钝，第2~4齿大小相近。后缘与后侧缘均具颗粒隆脊。螯足粗壮，覆有绒毛及颗粒；掌节表面共具6条隆脊，背面具5刺，腹面颗粒横向排列，呈鳞形。游泳足长节后末角具1刺；前节后缘锯齿状。

善泳蟳为亚热带和温带种，生活于30~310 m水深的沙或沙泥质浅海底。常常在白天外出觅食，有较强的游泳能力。

在我国分布于福建、广东、广西、台湾。国外分布于日本、印度尼西亚、菲律宾、马来西亚、新加坡、泰国、越南、澳大利亚、印度、巴基斯坦等地海域。

个头大，肉质鲜美，在东海和南海较为常见，具有一定的经济价值。

直额蟳

Charybdis truncata (Fabricius, 1798)

头胸甲长约3 cm，宽为长的2倍多；背面密覆绒毛；额后区与侧胃区各有1对颗粒隆线，中鳃区及心区有成对的颗粒群。额有6个钝齿，第2侧齿与第1侧齿间隔较深。头胸甲前侧缘有6个齿，第1齿斜切，第2至第4齿逐渐增大且尖锐。头胸甲后缘平直，两端角状。螯足粗壮，长节的前缘有3个刺，表面有颗粒隆脊；腕节有3条颗粒隆脊，内末角有1个强壮齿，外末角有3个齿；掌节背面有3个刺，有7条颗粒隆脊。游泳足长节的后缘有1个锐刺。

营底栖生活，栖息于7~107 m的沙质泥、软泥、泥质沙及粗沙底质的浅海海底。

在我国分布于东海、南海。国外分布于日本、澳大利亚、越南、印度尼西亚、菲律宾、马来西亚、新加坡、泰国、印度、马达加斯加等地近海。

可食用，有一定的经济价值。

门	节肢动物门 Arthropoda 甲壳动物亚门 Crustacea
纲	软甲纲 Malacostraca
目	十足目 Decapoda
科	梭子蟹科 Portunidae
属	蟳属 *Charybdis*

拥剑单梭蟹
Monomia gladiator (Fabricius, 1798)

门	节肢动物门	Arthropoda
	甲壳动物亚门	Crustacea
纲	软甲纲	Malacostraca
目	十足目	Decapoda
科	梭子蟹科	Portunidae
属	单梭蟹属	*Monomia*

头胸甲扁平，表面密着短细绒毛，具有细小颗粒。在后胃区、前鳃区各具1对颗粒隆线。额具4锐齿。眼窝背缘具有2条短裂缝。前侧缘具有9齿。后侧缘与后缘相接处圆钝。螯足较壮大，长节前缘具有4棘刺，后缘末部具有2棘刺；腕节内、外末角各具1刺突，掌节背面与腕节相接处及内缘末端各具1棘刺，在背面及外侧面共具3条隆脊，腹面具鳞形突起，内侧面在中部成1纵行隆脊。末对步足长节后缘末端具小齿，前节后缘无齿。体色棕黄，头胸甲边缘、整足指节及刺均为红色。栖息于水深10~100 m的泥、沙质海底。在沿海张网和挂网捕捞作业的渔获物中常见。可食用，个体中等，但渔获量不大。

在我国分布于东海、南海。国外分布于日本、泰国、马来西亚、印度尼西亚、新西兰、澳大利亚、斯里兰卡、印度、毛里求斯、马达加斯加。

皱褶大蟳蟹

Liocarcinus corrugatus (Pennant, 1777)

头胸甲窄，表面隆起，具许多横隆脊。前侧缘分5齿。额分3齿，钝三角形，中央额齿较侧齿突出。螯足粗壮，掌节外表面具3条隆脊，背面中部具1长刺，指节长于掌节。第2步足长于螯足。

生活在30~120 m深的软泥底质海底。易见于福建及以南的沿海潮下带，国外分布于日本、澳大利亚、新西兰等地海域。

个体中等，经济价值不大。

门	节肢动物门 Arthropoda
	甲壳动物亚门 Crustacea
纲	软甲纲 Malacostraca
目	十足目 Decapoda
科	梭子蟹科 Portunidae
属	大蟳蟹属 *Liocarcinus*

远海梭子蟹

Portunus pelagicus (Linnaeus, 1758)

门	节肢动物门 Arthropoda 甲壳动物亚门 Crustacea
纲	软甲纲 Malacostraca
目	十足目 Decapoda
科	梭子蟹科 Portunidae
属	梭子蟹属 *Portunus*

头胸甲横卵圆形，宽约为长的2倍，背面分布着较粗的颗粒。中胃区具2条斜行的颗粒脊，后胃区具2条，前鳃区具1对，心区具1对，中鳃区1对不明显。额分4尖齿，中央齿短小，侧额齿较粗大。前侧缘共有9齿，末齿最长，向侧面突出。螯足粗壮，长节外缘末端具1刺，前缘具3刺；腕节内外角各具1刺；掌节具7条纵向隆脊，长有3枚刺；指节长于掌节。游泳足表面光滑，长节后缘无刺。雄性腹部呈三角形，第6腹节梯形。雄性头胸甲背部和螯足会有不规则的白色云纹和斑点，步足和螯足会呈现出深蓝色，雌性的花纹和色彩稍淡。

在潮间带生活在大叶藻、泥或石块下；在潮下带生活在沙、软泥底质的浅海和河口区域。常昼伏夜出，在夜间觅食。是我国沿海的主要捕捞物种，在南海和东海产量较大，具有重要的经济价值。

在我国分布于浙江、福建、广东、广西、海南和台湾。国外广泛分布在印度洋—西太平洋的热带和亚热带海域。

红星梭子蟹
Portunus sanguinolentus (Herbst, 1783)

大型蟹，头胸甲梭状，宽明显大于长，宽约15 cm；头胸甲表面有数对隆脊，前部表面有颗粒，后部光滑。心区与鳃区有卵圆形红色或红黑色斑块。前额有4叶，侧齿较中间齿大。内眼窝齿大于额齿。头胸甲前侧缘有9个齿，第1齿长而尖锐，随后7个齿近似相等，第9齿最大，向两侧突出。第3颚足长节远外侧角不突出。雄性第1附肢细长，末端逐渐尖锐。腹部三角形。尾节末缘圆钝。

常常栖息于10~30 m水深的泥沙底质海底，每年2—3月为繁殖高峰期，迟至6月仍有少量母蟹可以捕获。喜食软体动物瓣鳃类、小型甲壳动物（如端足类、小虾）、小型浮游甲壳动物和多毛类等。幼体常在近岸和河口处生活。个体较大，味鲜肉多，有较高的经济价值，但红星梭子蟹的捕获量不及三疣梭子蟹。

在我国分布于东海、南海。国外分布于日本、菲律宾、印度、澳大利亚、新西兰等地海域。

门	节肢动物门	Arthropoda
	甲壳动物亚门	Crustacea
纲	软甲纲	Malacostraca
目	十足目	Decapoda
科	梭子蟹科	Portunidae
属	梭子蟹属	*Portunus*

弧边招潮蟹

Tubuca arcuata (De Haan, 1835)

门	节肢动物门 Arthropoda 甲壳动物亚门 Crustacea
纲	软甲纲 Malacostraca
目	十足目 Decapoda
科	沙蟹科 Ocypodidae
属	管招潮属 *Tubuca*

雄性蟹螯极不对称，一大一小，雌蟹两螯大小相近。

弧边招潮蟹的生活习性与潮汐密切相关。涨潮时，物种挥舞大螯，似在召唤潮水，因此得名招潮蟹。在潮水到来之际，物种迅速钻进洞里，并用一团淤泥塞好洞口，阻止潮水进入洞穴。在生殖季节，雄性个体也会在洞口附近挥舞大螯以吸引雌性。已有研究表明，弧边招潮蟹的大部分时间（69%）用于觅食（进食+边走边食），其次是站立（11%）、待在洞穴（6.6%），用于求偶的时间较少（0.23%）。通常穴居于河口或海湾中的泥滩，尤其在红树林沼泽中最常见，被称为"红树林的生态工程师"。

在我国分布丁广东、福建、浙江和山东等地沿海，国外分布于朝鲜、日本、澳大利亚、新加坡、菲律宾等地海域。

拟穴青蟹

Scylla paramamosain Estampador, 1950

背甲青绿色，触摸表面有颗粒感。头胸甲的长度为宽度的2/3，表面凸凹不平，形成若干区域，与下面内脏位置相对应。暖水广盐性物种，最适生长温度14~32℃，温度下限和上限分别为7℃和37℃。最适盐度12.5‰~27‰，极限盐度最低为5‰，最高为33‰。拟穴青蟹肉食性，生长周期短、个体大、肉质肥美、营养价值高，具有很高的经济价值。此物种是中国东南沿海地区广泛养殖的海洋蟹类，同时也是印度洋和太平洋地区许多国家重要的近岸渔业资源。在中国，拟穴青蟹已有100多年的养殖历史，目前青蟹养殖方式主要包括池塘混养、池塘单养、红树林滩涂养殖和室内工厂化养殖。2017年全国海水养殖产量约15万t，捕捞产量约8万t。

在我国主要分布于我国福建、广东、广西、浙江等地。国外主要分布在美国、日本、泰国、菲律宾和南非等地海域。

门	节肢动物门 Arthropoda 甲壳动物亚门 Crustacea
纲	软甲纲 Malacostraca
目	十足目 Decapoda
科	梭子蟹科 Portunidae
属	青蟹属 *Scylla*

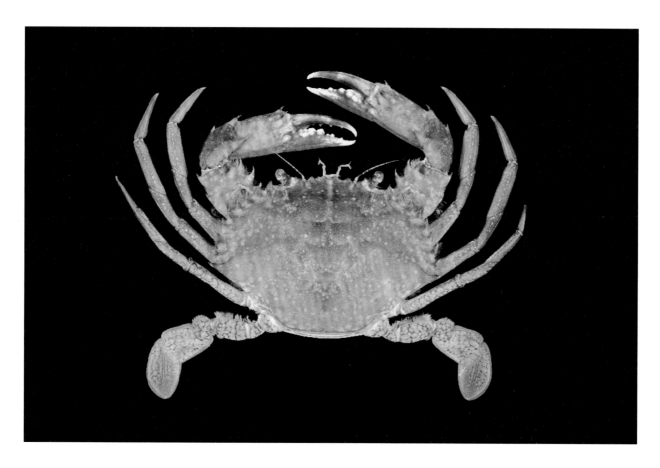

锯缘青蟹

Scylla serrata (Forskål, 1775)

门	节肢动物门 Arthropoda 甲壳动物亚门 Crustacea
纲	软甲纲 Malacostraca
目	十足目 Decapoda
科	梭子蟹科 Portunidae
属	青蟹属 *Scylla*

头胸甲呈青绿色，宽大于长；背面光滑，有隆起，胃区及心区之间有明显的"H"形凹痕。额有4个三角形齿。头胸甲前侧缘有9个齿，第1齿三角形，大而突出，末齿尖锐突出。螯足光滑，长节前缘有3个齿，后缘有2个齿；游泳足掌节后缘光滑无齿。雄性第1附肢粗壮，末端逐渐尖锐。尾节末缘钝圆。

一般生活于河口附近或近岸海域，栖息于温暖而盐度较低的浅海。成熟的母蟹常由河口或咸淡水到近海产卵。锯缘青蟹喜食腐肉，也捕食刚脱壳的软壳蟹、藻类以及植物茎片段等。味鲜美，营养价值高，人工繁殖和育肥养成工作正逐步开展，具有很高的经济价值。

在我国分布于东海、南海。国外分布于日本、菲律宾、澳大利亚等地海域。

三疣梭子蟹

Portunus trituberculatus (Miers, 1876)

头胸甲梭形，表面稍隆起，具分散的细颗粒，鳃区颗粒较粗，胃、鳃区各具1对颗粒隆线。中胃区和心区分别具1、2个疣状突起。额具2锐刺。眼窝背缘凹陷，具2条裂缝，腹内眼窝刺锐长。颊区具毛。前侧缘包含外眼窝齿在内共具9锐齿，末齿最长大。螯足粗壮，长节棱柱形，雄性较雌性长且细，前缘具4锐刺，腕节内外缘各具1刺，后侧面具颗粒隆线，掌节背面及外侧面各具2条隆脊，背面隆脊末端具刺，指节与掌部等长，内缘均具钝齿。步足扁平，形状、大小相近。第4对步足长节、腕节宽短，末2节宽扁呈桨状，各节边缘均具短毛。雄性第1腹肢细长，弯曲，末端针形。雄性腹部三角形，第3~5节愈合，第6节长大于宽，呈梯形，尾节圆钝形，末缘钝圆。雌性腹部宽扁，近圆形。

门	节肢动物门 Arthropoda 甲壳动物亚门 Crustacea
纲	软甲纲 Malacostraca
目	十足目 Decapoda
科	梭子蟹科 Portunidae
属	梭子蟹属 *Portunus*

通常栖息于水深8~100 m的泥质沙、碎壳或软泥海底，畏强光，白天多潜伏在海底，夜间则游到水层觅食。三疣梭子蟹食性广，在春夏季洄游繁殖季节，会聚集至近岸或河口附近产卵，冬季迁居于较深海区过冬。三疣梭子蟹属广温性水产动物，其适宜生长水温为17~30 ℃，最适生长水温为25~28 ℃，当水温低于6 ℃时梭子蟹进入冬眠状态。在中国黄海、渤海海域，每年4—10月是三疣梭子蟹的交配繁殖季节。三疣梭子蟹肉质细嫩，可食用，是我国重要的经济蟹类，目前已普遍开展人工育苗和养殖。

在我国沿海均有分布。在国外分布于朝鲜、日本、越南、马来西亚。

中华虎头蟹
Orithyia sinica (Linnaeus, 1771)

门	节肢动物门 Arthropoda 甲壳动物亚门 Crustacea
纲	软甲纲 Malacostraca
目	十足目 Decapoda
科	虎头蟹科 Orithyiidae
属	虎头蟹属 *Orithyia*

外壳坚硬奇特，其头胸甲上有深紫色呈圆斑状"背眼"2个，观其头胸甲酷似虎头，故称虎头蟹。雄性头胸甲长66.5~90.2 mm，宽62.6~88 mm；雌性长57.3~78.4 mm，宽50~76 mm。生活在浅海泥沙底。盐度为20‰~40‰的水体环境是中华虎头蟹适宜摄食盐度，30‰~35‰为最佳；温度10~35 ℃水体环境物种能摄饵，但在20~30 ℃摄食效果最好。主要摄食贝类和小型鱼虾。中华虎头蟹因其奇特的外形和很好的食用价值深受人们的喜爱，有很高的观赏价值，市场价格也很高，具有良好的市场前景。同时，在韩国被认为是非常具有养殖潜力的新品种。

分布于我国的黄海、渤海、东海、南海。国外分布丁朝鲜和菲律宾海域。

钝齿短桨蟹
Thalamita crenata Rüppell, 1830

头胸甲宽大于长，背面稍隆起且光滑。额分6叶。头胸甲前面侧齿的基部及隆脊的前部有绒毛，前侧缘有5个齿，第1齿最大，第5齿最小。第3颚足外肢纤细。螯足粗壮且不对称，长节前缘有3个大齿；步足光滑而粗壮；游泳足长节后缘近末缘有1个刺。雄性第1腹肢粗壮，末端稍微呈匙状；腹部塔形，第3~5腹节愈合。尾节锐三角形。

常常栖息于珊瑚礁或低潮线附近的礁岩底质海域。

分布在我国的东海、南海。国外分布于日本、澳大利亚、马来西亚、新加坡、印度、马达加斯加等地海域。

个体较大，有一定的经济价值。

门	节肢动物门 Arthropoda
	甲壳动物亚门 Crustacea
纲	软甲纲 Malacostraca
目	十足目 Decapoda
科	梭子蟹科 Portunidae
属	短桨蟹属 *Thalamita*

双额短桨蟹

Thalamita sima H. Milne-Edwards, 1834

门	节肢动物门	Arthropoda
	甲壳动物亚门	Crustacea
纲	软甲纲	Malacostraca
目	十足目	Decapoda
科	梭子蟹科	Portunidae
属	短桨蟹属	*Thalamita*

体背面密覆绒毛，还有白色斑点。头胸甲宽约为长的1.5倍，额区、侧胃区、中鳃区各有1对颗粒隆脊，中胃区及后胃区有1条颗粒隆线。额宽，分为2个浅叶，每叶前缘中部凹陷，侧缘向外侧倾斜。头胸甲前侧缘有5个齿，各齿表面均有颗粒。螯足肿胀，左、右螯不等大，表面有鳞状颗粒；长节的末端有3个粗壮刺；掌节背面有5个刺；指节粗壮，内缘有大小不等的粗壮齿。营底栖生活，栖息于低潮线下的岩石海岸或潮间带的泥滩。个体较大，有一定的经济价值。

分布于我国的东海、南海。国外分布于日本、澳大利亚、新西兰、泰国、新加坡、马来西亚、印度尼西亚、斯里兰卡等地海域。

矛形剑梭蟹

Xiphonectes hastatoides (Fabricius, 1798)

小型种。头胸甲扁平，宽约为长的2.4倍；背面有很多短绒毛，有明显的隆起颗粒区；颗粒区中的颗粒光滑、钝圆；中胃区、后胃区、前鳃区各有1行颗粒脊。额分为4个齿。头胸甲前侧缘内凹为弧形，有9个齿；后侧缘有1个钝齿，后侧缘两端各有1个小刺。螯足长节粗壮，背面有鳞形颗粒，掌部较扁平，末端有1个小刺，背面及外侧面共有5条纵行颗粒脊。游泳足长节宽大于长，后末缘有细锯齿；指节末部有黑色斑。

营底栖生活，栖息于水深7~100 m的细沙、泥沙、软泥或碎壳底质的海底。5—6月抱卵。在张网渔获物中常见。

在我国分布于黄海、东海、南海。国外分布于印度—西太平洋海域、红海、马达加斯加及非洲东岸沿海，澳大利亚和夏威夷群岛附近海域，日本沿海。

门	节肢动物门	Arthropoda
	甲壳动物亚门	Crustacea
纲	软甲纲	Malacostraca
目	十足目	Decapoda
科	梭子蟹科	Portunidae
属	剑梭蟹属	*Xiphonectes*

火红皱蟹

Leptodius exaratus (H. Milne Edwards, 1834)

门	节肢动物门 Arthropoda 甲壳动物亚门 Crustacea
纲	软甲纲 Malacostraca
目	十足目 Decapoda
科	扇蟹科 Xanthidae
属	皱蟹属 *Leptodius*

头胸甲宽大于长，表面有褶皱，背面略微隆起，分区明显，各区均被细沟隔开。额区较宽，略微呈两叶状。头胸甲前侧缘分为4叶。左、右螯不对称，长节背缘及前腹缘有长绒毛。步足平滑，长节有绒毛。雄性第1腹肢细长，末端匙形；腹部窄而长，第3~5节略微愈合；尾节末缘钝角状。

栖息于低潮线处的石岸或卵石滩，有时藏匿于热带珊瑚礁浅海或潮下带的石头缝隙中，遇敌或张开双螯以示警戒，或螯足和步足紧缩成假死状态。

在我国分布于东海、南海。国外分布于日本、泰国、非洲东海岸附近海域。

因个头较小，经济价值不大。

红斑斗蟹

Liagore rubromaculata (de Haan, 1835)

头胸甲呈横卵形，全身具对称分布的红色圆斑，表面平滑而隆起，具微细凹点，分区不甚明显。前侧缘光滑无齿，与后侧缘相连处略有不明显的棱角。额宽，中间被1细缝分为2叶。螯足对称、光滑，长节边缘具短毛，腕节外末角及内末角钝而突出。步足瘦长，呈圆柱状，平滑有光泽，指节尖锐，均具短毛。雄性腹部呈长三角形，第3~5节愈合，但节缝可分辨。

红斑斗蟹为热带种，生活于水深15~30 m的岩石岸边、细沙质海底及珊瑚礁中。

在我国分布于海南、福建。国外分布于日本、印度。

门	节肢动物门 Arthropoda
	甲壳动物亚门 Crustacea
纲	软甲纲 Malacostraca
目	十足目 Decapoda
科	扇蟹科 Xanthidae
属	斗蟹属 *Liagore*

谭氏泥蟹

Ilyoplax deschampsi (Rathbun, 1913)

门	节肢动物门 Arthropoda
	甲壳动物亚门 Crustacea
纲	软甲纲 Malacostraca
目	十足目 Decapoda
科	毛带蟹科 Dotillidae
属	泥蟹属 *Ilyoplax*

　　头胸甲方形，长至7.4 mm，宽至11.5 mm。此物种对温度和盐度适应性较强，在我国北至渤海湾、南至澳门的较大纬度跨度区域内皆有分布。世界范围内物种分布于日本、朝鲜东岸等区域。此物种虽非传统的经济甲壳动物，但其在河口区域通常具有较高的种群数量，尤其在河口软泥质滩中，其数量优势高于无齿相手蟹、弧边招潮蟹等河口潮滩习见物种，例如在珠海鹤州北围水道湿地栖息密度可达684个/m²。谭氏泥蟹在生态系统中的作用显著，物种通过掘穴增加沉积物中氧气含量，使沉积环境趋于氧化环境。

长趾股窗蟹

Scopimera longidactyla Shen, 1932

头胸甲宽大于长；背面隆起，密布颗粒，鳃区有鳞状突起。外眼窝三角形。第3颚足长节及座节表面有颗粒状突起。雄性螯足腕节等长于长节，可动指内缘有不明显钝齿，不动指内缘有细齿。第2步足最长。雄性第1腹肢向背部弯曲，末端趋尖。

常穴居于潮间带的泥沙滩上，洞口周围常覆盖许多团状沙砾。长趾股窗蟹的栖息密度较高，行为警觉，遇到危险会快速钻入洞内躲避。

在我国分布于渤海、黄海、南海。国外分布于朝鲜西海岸等海域。

门	节肢动物门 Arthropoda 甲壳动物亚门 Crustacea
纲	软甲纲 Malacostraca
目	十足目 Decapoda
科	毛带蟹科 Dotillidae
属	股窗蟹属 *Scopimera*

短指和尚蟹
Mictyris longicarpus Latreille, 1806

门	节肢动物门 Arthropoda
	甲壳动物亚门 Crustacea
纲	软甲纲 Malacostraca
目	十足目 Decapoda
科	和尚蟹科 Mictyridae
属	和尚蟹属 *Mictyris*

　　头胸甲呈圆球形，宽稍微短于长，宽2.5 cm左右；背面隆起，表面光滑，心区、胃区两边的纵沟明显，鳃区膨大。额很窄，向下弯曲。无眼窝，眼柄短。头胸甲前缘角刺状突起。第3颚足叶片状，外肢细长。螯足对称，长节下缘有3~4个刺，腕节较长。步足瘦长。雄性第1腹肢细小。尾节短，半圆形。

　　一般栖息于潮间带的泥沙滩上，营穴居生活，退潮时出来活动。其行动稍缓，行走时可以向各个方向移动，通常在滩涂上成群结队地行动。滤食泥沙中的有机质、小型底栖类和藻类。有一定的经济价值，在广西等地可将其做成沙蟹汁，用来食用。

　　分布在我国的东海、南海海域；国外分布丁日本、澳大利亚、菲律宾、马来西亚、新加坡等地海域。

肉球近方蟹

Hemigrapsus sanguineus (De Haan, 1835)

头胸甲呈方形，宽度稍大于长度，前半部稍隆，表面有颗粒及血红色的斑点，后半部较平坦。额宽约为头胸甲宽的1/2，前缘平直。螯足雄大于雌，成熟雄性两指之间具有球形泡状结构，雌性或幼小个体无此结构。

肉球近方蟹个体较小，栖息于低潮线岩石下或石缝中，是中国沿海地区潮间带的常见种。

在我国分布于渤海、东海、黄海、南海。国外分布于日本、朝鲜、俄罗斯、澳大利亚、新西兰。

门	节肢动物门 Arthropoda 甲壳动物亚门 Crustacea
纲	软甲纲 Malacostraca
目	十足目 Decapoda
科	弓蟹科 Varunidae
属	近方蟹属 *Hemigrapsus*

天津厚蟹

Helice rienrsinensis (Rathbun, 1931)

门	节肢动物门 Arthropoda
	甲壳动物亚门 Crustacea
纲	软甲纲 Malacostraca
目	十足目 Decapoda
科	弓蟹科 Varunidae
属	厚蟹属 *Helice*

成体长度一般为2.5~3.5 cm。其头胸甲近四方形，雄性头胸甲宽约3.2 cm，雌性宽约2.7 cm，表面隆起且长有短刚毛。额部稍向下弯曲，中部向内凹；头胸甲前侧缘共4个齿，第1齿锐三角形，末齿仅为齿痕。螯足雄性大于雌性，掌节光滑，其背缘的隆脊锋利。第1步足前节前缘生有少量绒毛。

主要以有机碎屑和底栖藻类为食，同时摄食碱蓬、翅碱蓬和芦苇等滩涂植物。天津厚蟹作为河口潮滩湿地中较具数量优势的底栖动物，其分布对水域生态系统的能量流动和物质循环具有显著影响。天津厚蟹具食用价值，传统上多被加工为醉蟹。近年来在江苏中部沿海地区，天津厚蟹已有少量人工养殖。

在我国南北沿岸均有分布。国外主要分布于日本、朝鲜。

无齿螳臂相手蟹

Chiromantes dehaani (H. Milne Edwards, 1853)

头胸甲方形，侧缘光滑无齿。个体通常中等大小，长至 32 mm，宽至 37 mm。主要分布在中国东南沿海。日本、朝鲜沿海也有分布。通常穴居于潮滩高潮区带，潮滩中盐沼植被（如芦苇带、芦苇斑块和菰植被等）对其分布和洞穴利用存在影响。无齿螳臂相手蟹占用洞穴存在时间上的变化，例如部分物种会进入没有洞穴的裸地区域活动，而部分洞穴内则出现多雌多雄共用现象。

无齿螳臂相手蟹的食性具有一定偏好，植物叶片是物种的主要食物来源，也少量摄食沉积物，利用沉积物中的有机物质。摄食芦苇时，无齿螳臂相手蟹偏好于芦苇嫩叶，对芦苇凋落叶片的取食量较少。摄食红树植物叶片时，物种通常对腐烂的叶片摄食偏好较强。尽管如此，无齿螳臂相手蟹没有显示出完全的专一食性或随机食性。

作为我国沿岸潮滩中的优势底栖动物之一，无齿螳臂相手蟹种群行为对潮滩环境具有很大影响，比如此物种的掘穴活动影响区域内小型底栖动物的分布和潮滩沉积物与水界面气体交换等。无齿螳臂相手蟹对其栖息地环境中的重金属元素 Zn、Pb、Cu、Cd 和 Ni 以及总石油烃等具有较为显著的富集能力，因此被视为此类污染物质的指示生物。

门	节肢动物门 Arthropoda 甲壳动物亚门 Crustacea
纲	软甲纲 Malacostraca
目	十足目 Decapoda
科	相手蟹科 Sesarmidae
属	螳臂相手蟹属 *Chiromantes*

伍氏拟厚蟹

Helicana wuana (Rathbun, 1931)

门	节肢动物门　Arthropoda 甲壳动物亚门　Crustacea
纲	软甲纲　Malacostraca
目	十足目　Decapoda
科	弓蟹科　Varunidae
属	拟厚蟹属　*Helicana*

成体体长一般2.6~3.8 cm。头胸甲近方形，头胸甲宽约3.3 cm，表面有细凹点和短刚毛。额部稍弯向下方，中部向内凹；头胸甲侧缘向后略显分离，有3个齿。螯足掌节光滑，背缘隆脊锋利。步足腕节、前节前缘通常长有浓密的绒毛。

主要栖息于温带水域，常常穴居于泥滩或泥岸的潮下带。

在我国分布于黄海、东海、南海。国外主要分布于日本、朝鲜。

七、棘皮动物

砂海星
Luidia quinaria von Martens, 1865

体形较大，含5个腕，生活时背面边缘为黄褐色至灰绿色，身体反口面腕中央有深色条带，密生小柱体，小柱体中央小棘颗粒状。体盘中央和腕中部小柱体较小，排列无规则。口面叉棘细长。栖息于沙质、沙砾质或泥沙质底的低潮线以下至浅海。分布于黄海、东海和南海，在近海拖网中较常见。

砂海星是黄海优势种之一，对其营养成分，食用价值，海星皂苷的提取制备、化学结构鉴定和药理效应等方面已进行了少量的研究。

门	棘皮动物门	Echinodermata
纲	海星纲	Asteroidea
目	柱体目	Paxillosida
科	砂海星科	Luidiidae
属	砂海星属	*Luidia*

骑士章海星
Stellaster childreni Gray, 1840

门	棘皮动物门	Echinodermata
纲	海星纲	Asteroidea
目	瓣棘目	Valvatida
科	角海星科	Goniasteridae
属	章海星属	*Stellaster*

　　体扁平，含5个腕，身体坚实。骑士章海星属于暖水、高盐性物种，其生活区域一般要求18 ℃以上。其盘大略隆起、腕短小、不能弯曲，只能匍匐在一些粗颗粒的沉积物上，摄食一些沉积物及小型底栖生物，如软体动物中的腹足类、有孔虫等。印度洋—西太平洋海域广泛分布，在我国的东海、南海都有分布。

　　骑士章海星具有很强的再生能力，腕、盘受损，或者腕自切，均能再生出一个完整的腕来。虽然海星类通常是双壳类的天敌，但从骑士章海星的胃含物中并未发现大量软体动物，说明骑士章海星对贝类养殖的危害不是很大。

金氏真蛇尾
Ophiura kinbergi (Ljungman, 1866)

生活时背面为黄褐色，常有黑褐色斑纹，腹面白色。盘直径一般6~7 mm，腕长20~40 mm，为盘直径的3~6倍。盘扁圆形，盘上有许多大小不等的鳞片，背板、辐板和基板很大并且明显。遍布我国各个海域，以黄海、东海居多。其中东海受黑潮暖流及台湾海峡暖流的影响，暖水种增多，金氏真蛇尾为优势种，分布于从潮间带到水深约500 m的沙底或泥沙底。

随着人们对海洋的关注度逐渐增高，在开发海洋功能食品方面已经有越来越多的研究。研究表明，金氏真蛇尾是一种蛋白质含量较高而脂肪含量较低的生物，营养价值很高。

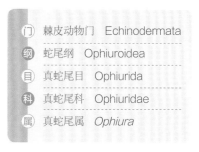

门	棘皮动物门	Echinodermata
纲	蛇尾纲	Ophiuroidea
目	真蛇尾目	Ophiurida
科	真蛇尾科	Ophiuridae
属	真蛇尾属	*Ophiura*

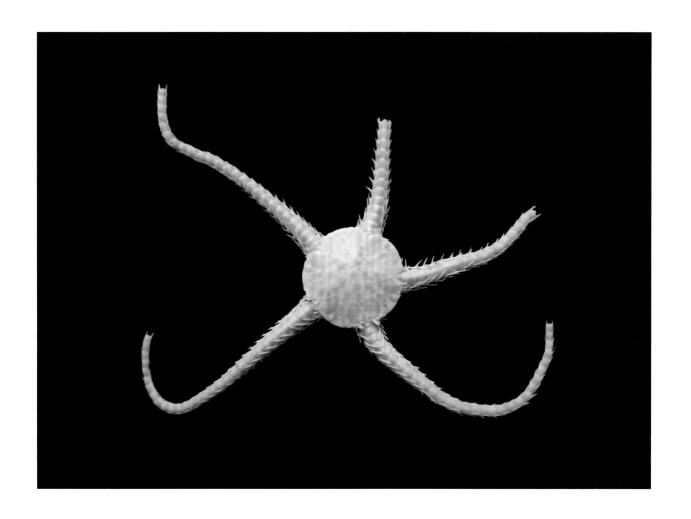

浅水萨氏真蛇尾
Ophiura sarsii vadicola Djakonov, 1954

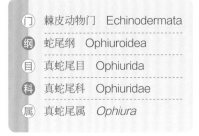

门	棘皮动物门	Echinodermata
纲	蛇尾纲	Ophiuroidea
目	真蛇尾目	Ophiurida
科	真蛇尾科	Ophiuridae
属	真蛇尾属	*Ophiura*

该种是萨氏真蛇尾（*Ophiura sarsii*）的亚种，分布于黄海及日本海，是黄海冷水团底栖生态系统的优势种。盘低而平，盖有裸出的鳞片，含5个腕，背中央隆起。栖息于泥沙质浅海，常见于近海拖网渔获中。

在黄海冷水团中，浅水萨氏真蛇尾高密度聚集，以极高的数量出现在该区域，非常壮观。这种聚集现象使大型底栖动物的密度及生物量增加，为捕食者提供庇护所，形成生物栖息地。蛇尾高密度聚集，是海洋碳循环和钙库的重要组成部分，有利于将有机碎屑能量转移到更高的营养水平，对食物网及生境稳定具有重要意义。

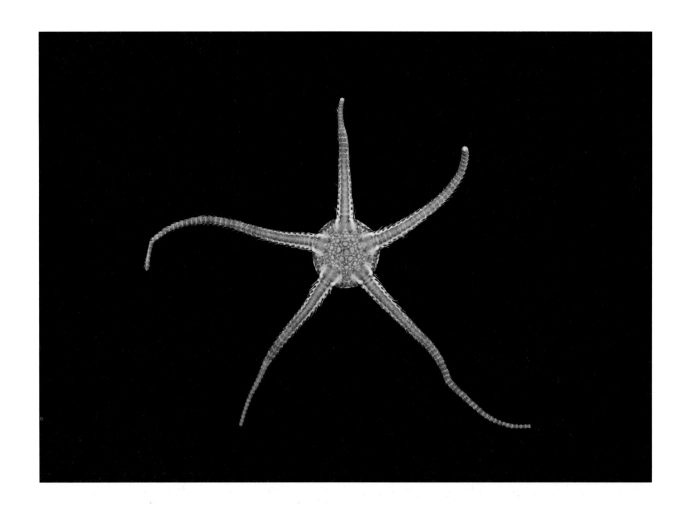

司氏盖蛇尾
Stegophiura sladeni (Duncan, 1879)

盘高而厚，直径10~15 mm，覆瓦状鳞片。腕较短，基部特别高，向末端变细，中背板呈五角形，辐盾长而粗壮，口棘呈方形。生活时为鲜艳的橙红色。栖息于沙泥质浅海，是存在于我国黄海及东海北部等海域的冷水种。

司氏盖蛇尾蛋白质含量较高，脂肪含量极低，灰分含量较高，无机元素含量较高，是一种高蛋白、低脂肪、高微量元素的海洋生物资源，研究及开发价值较高。

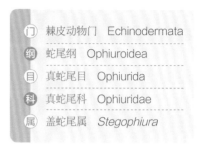

门	棘皮动物门	Echinodermata
纲	蛇尾纲	Ophiuroidea
目	真蛇尾目	Ophiurida
科	真蛇尾科	Ophiuridae
属	盖蛇尾属	*Stegophiura*

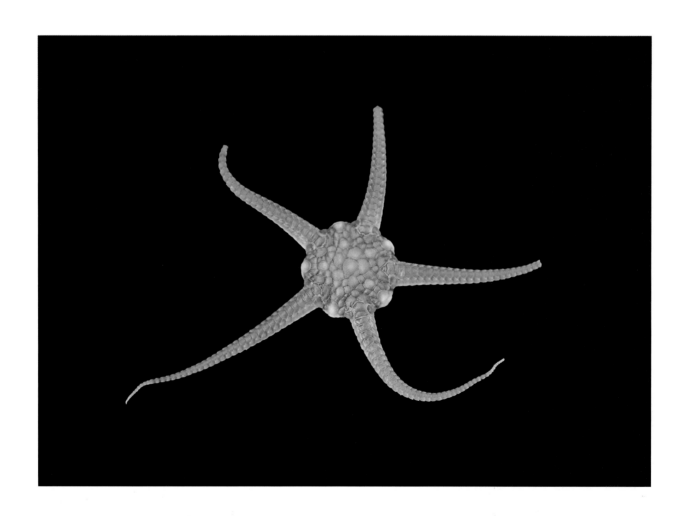

滩栖阳遂足
Amphiura (Fellaria) vadicola Matsumoto, 1915

门	棘皮动物门	Echinodermata
纲	蛇尾纲	Ophiuroidea
目	仿阳遂足目	Amphilepidida
科	阳遂足科	Amphiuridae
属	阳遂足属	*Amphiura*

　　体扁平，盘间辐部凹进，直径7~11 mm，一般5个腕，长10 cm以上甚至更长。生活时钻于潮间带的泥沙滩内，常把2个腕的末端、触手等露在沙外，体褐色，腕末端灰褐色或灰色。穴居于泥沙底质潮间带至浅海，常见于近海拖网渔获中，分布于黄海和东海。

　　滩栖阳遂足属于典型河口近岸滩栖蛇尾种类，其生存往往受到河流和潮流的影响，数量庞大，处于优势地位，可以为底栖经济鱼类提供丰富饵料。

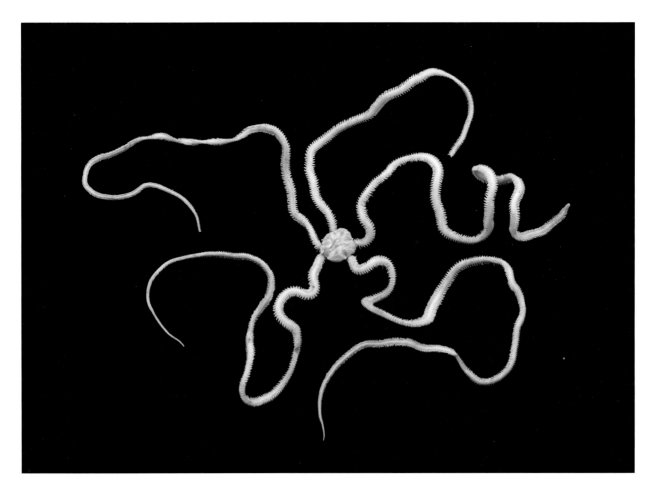

马粪海胆

Hemicentrotus pulcherrimus (A. Agassiz, 1864)

壳低半球形，很坚固，高度约等于壳的半径。反口面低，不隆起，口面平坦。棘短而尖锐，密生在壳的表面。棘的颜色多变，多为暗绿色，有的带紫色、灰红色、灰白色或赤褐色。壳为暗绿色或灰绿色。常生活于潮间带至水深2~3 m海藻床的石块下或石缝中。分布于我国的渤海、黄海和东海。

马粪海胆味道鲜美，海胆性腺作为海胆中唯一可食用部分，营养物质丰富，磷脂含量较高，其脂肪酸侧链多由不饱和脂肪酸组成。马粪海胆具有较高的经济价值，在中国、日本、韩国已经具有一定的养殖产业规模。在藻类饵料充足时，马粪海胆为植食性，对不同藻类表现出不同的选择性，会优先摄食海带和裙带菜等褐藻。当马粪海胆不能获得充足的藻类时，其会摄食一些鱼肉、贝肉、鹰爪虾以及腐肉等。

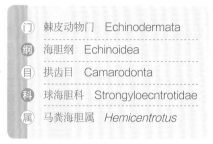

门	棘皮动物门	Echinodermata
纲	海胆纲	Echinoidea
目	拱齿目	Camarodonta
科	球海胆科	Strongyloecntrotidae
属	马粪海胆属	*Hemicentrotus*

紫海胆

Heliocidaris crassispina (A. Agassiz, 1864)

门	棘皮动物门	Echinodermata
纲	海胆纲	Echinoidea
目	拱齿目	Camarodonta
科	长海胆科	Echinometridae
属	紫海胆属	*Heliocidaris*

壳中等大,半球形,很坚固,暗绿色,大疣和中疣的顶端稍带淡紫色。围口部大部分裸出。成体为黑紫色,幼体常为灰褐色、灰绿色或紫红色,且口面的棘常带斑纹。大棘强大,末端尖锐,其长度约等于壳径,但常常发育不规则呈现出一边长另一边短的情况。生活在沿岸岩礁质浅海,常生活于海草场中。紫海胆是暖水种类,适宜生长水温15~30 ℃,分布于我国浙江、福建、广东及海南岛等地。

紫海胆胆黄肉质鲜美、营养价值较高,近年来成了广受欢迎的美食。为了满足紫海胆的资源需求,其人工育苗技术已较为成熟。紫海胆的繁殖与摄食的饵料以及温度、盐度等环境因素有关。紫海胆是杂食性种类,主要摄食褐藻、红藻、绿藻三大类,同时也摄食一些小型的底栖生物。稚海胆前期主要摄食底栖硅藻,后期可摄食幼嫩的藻类,最佳饵料是海带。

海地瓜

Acaudina molpadioides (Semper, 1868)

又名茄参、海茄子。因其体形和颜色都很似地瓜，故得名。最大者体长可达20 cm，普通的3.8~11.5 cm，自身运动能力较差。海地瓜体色变化很大，幼小个体为白色，半透明；中等个体呈茄赭色，有细小的赭色斑点；老年个体，体色深，为暗紫色。广泛分布在我国山东、浙江、福建、广东等地的浅海区域。生活在潮间带至80 m水深的泥底，少数生活在泥沙中。

有研究表明，海地瓜体内含有丰富的蛋白质、多糖、脂肪、皂苷、必需氨基酸等成分，具有很高的营养价值。由于海地瓜食用起来口感较差，因此食用价值不高。近年来国内外多次发生海洋生物入侵事件，影响了滨海核电站的正常运转。2015年8月8日宁德核电站就因大量海地瓜堵塞冷源取水鼓网导致3号机组反应堆停堆。

门	棘皮动物门	Echinodermata
纲	海参纲	Holothuroidea
目	芋参目	Molpadida
科	尻参科	Caudinidae
属	海地瓜属	*Acaudina*

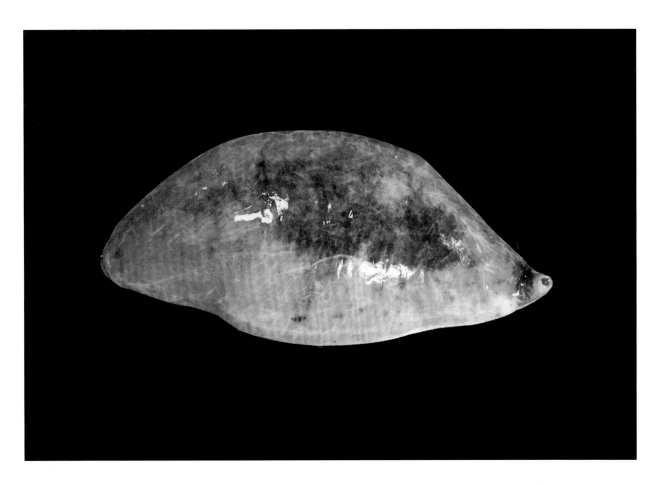

棘刺锚参

Protankyra bidentata (Woodward et Barrett, 1858)

门	棘皮动物门	Echinodermata
纲	海参纲	Holothuroidea
目	无足目	Apodida
科	锚参科	Synaptidae
属	刺锚参属	*Protankyra*

中等大小，体呈蠕虫状，一般体长约150 mm，大的可达280 mm。体壁薄，稍透明，常从体外稍能透见其5条纵肌。触手指状，12个。体壁内有大型的锚形骨片，故触感粗涩。身体后端的锚和锚板比身体前端的大。后端体壁内有很多X形体。前端体壁内有各种不同的星状体。步带体壁内除有X形体外，还有很多光滑的卵圆形微小颗粒体。生活时幼小个体为黄白色，成年个体为淡红色，或紫红色。在我国沿海广泛分布，栖息于潮间带至浅海的泥沙质底。

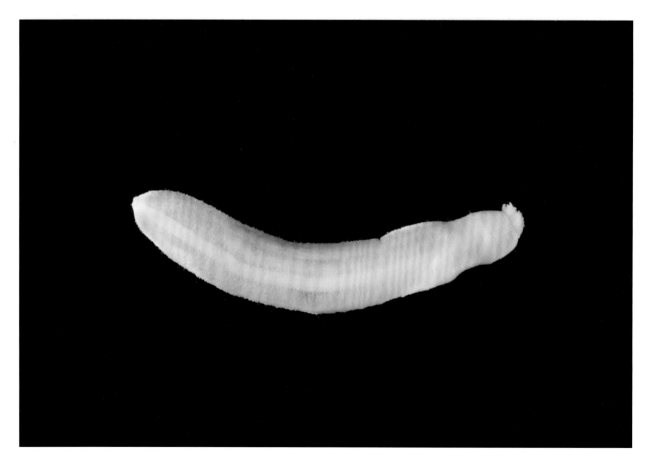

八、腕足动物、半索动物

鸭嘴海豆芽
Lingula anatina (Lamarck, 1801)

俗称海豆芽，由背壳和腹壳包闭的躯体部和细长的肉茎组成。背腹两壳呈扁平鸭嘴形，带绿色，表面光滑，生长线明显。背壳小，基部较圆，腹壳大，基部较尖，壳周外套膜上皆有细密的刚毛。柄状肉茎圆筒状，外层为角质层，半透明，内层为肌肉层，富收缩力。

分布在温带和热带海域，生活在潮间带细沙质或泥沙质底内，借肌肉收缩挖掘泥沙，营穴居生活。

是世界上已发现生物中历史最长的腕足类海洋生物。可食用，亦做药用。

门	腕足动物门	Brachiopoda
纲	海豆芽纲	Lingulata
目	海豆芽目	Lingulida
科	海豆芽科	Lingulidae
属	海豆芽属	*Lingula*

三崎柱头虫

Balanoglosus misakiensis (Kuwano, 1902)

门	半索动物门 Hemichordata
纲	肠鳃纲 Enteropneusta
目	✱
科	殖翼柱头虫科 Ptychoderidae
属	柱头虫属 *Balanoglosus*

柔软细长，个体较大，体长20~60 cm。虫体分为吻、领和躯干三部分。吻圆锥形，背中线具纵沟，以短柄与领部相接。领部短圆柱形，长宽近等，腹面具口。躯干部明显分为鳃生殖区、肝盲囊区和腹尾区。生殖翼间具两纵行很小的鳃孔。肝盲囊褶叠状排列。尾区圆筒状，表面具环状横纹，肛门位于其后端。雌雄异体，性腺成熟的雄性生殖翼金黄色，雌性则为灰褐色，卵子或精子排出体外，在水中进行受精。肝盲囊多呈褐色、黄绿色。其余部分为黄色。

栖息于中潮带沙滩或泥沙滩，穴道呈不规则的"U"字形。采掘时可嗅到刺鼻的碘味。

在世界各地潮间带几乎都有分布，但因受到污染，近几年很难寻其踪迹。

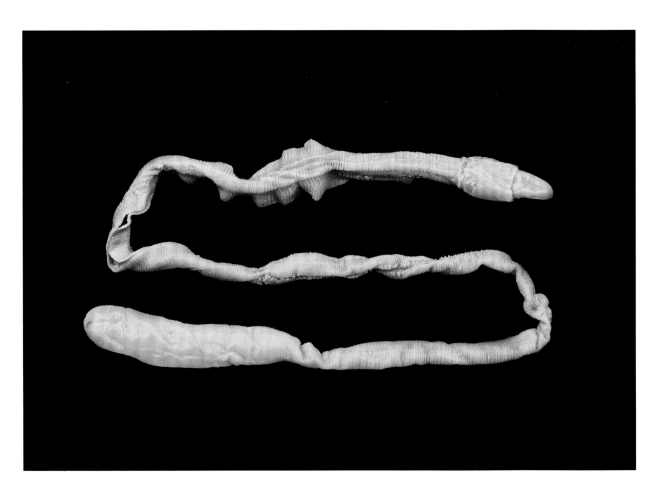

九、脊索动物

玻璃海鞘
Ciona intestinalis (Linnaeus, 1767)

身体柔软，透明，一般体长为38~70 mm，常以单体或群体出现。个体可分为胸、腹两部分，或区分不明显。身体顶部有2个孔，分别是入水管和出水管。位高者为入水管，具8个瓣，出水管具6个瓣，裂瓣顶端有红色斑点。被囊透明，可以看到消化道和纵肌，鳃囊大，鳃孔平直。脊板线膜状，上有大量尖叶状小瓣，以近中部者较长。消化道简单，胃小。肛门开口于出水管内孔下方，肛门周沿具16个瓣。生殖腺1个，精巢白色，分散胃及肠上，输精管与输卵管均开口于肛门上方。体壁有纵肌5束及细的横肌。

主要分布于中国沿海海域，幼体营自由生活，成体营固着生活，常固着于船只、海带筏、贝类养殖笼和室外养殖池上，是养殖业主要污附敌害之一。

门	脊索动物门 Chordata
纲	海鞘纲 Ascidiacea
目	扁鳃目 Phlebobranchiata
科	玻璃海鞘科 Cionidae
属	玻璃海鞘属 *Ciona*

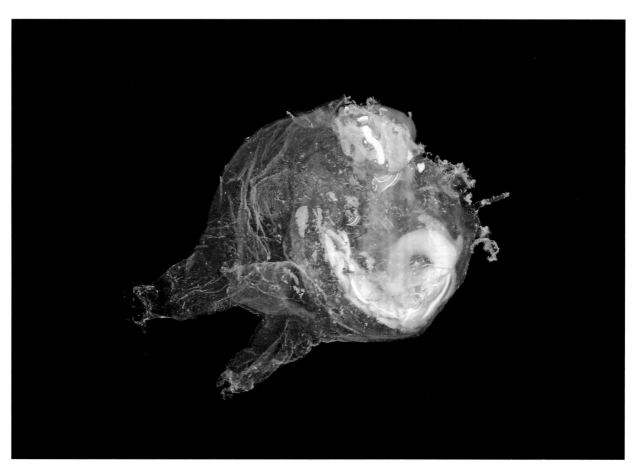

白姑鱼

Pennahia argentata (Houttuyn, 1782)

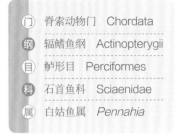

门	脊索动物门	Chordata
纲	辐鳍鱼纲	Actinopterygii
目	鲈形目	Perciformes
科	石首鱼科	Sciaenidae
属	白姑鱼属	Pennahia

　　俗称白米鱼、鰛仔鱼、白梅和白姑子。口前位，斜形，上颌外行与下颌内行牙较大，无须。颏部有3对小孔，鳃孔大。胸鳍侧位，腹鳍胸位。尾鳍短楔状，背侧淡灰，下侧银白。第一背鳍黄灰。后背鳍有一白纵纹，偶鳍淡黄，尾鳍灰黄。暖温性近底层鱼类。广泛分布于印度洋和太平洋西部海域，我国沿海均有分布，主要栖息于水深40 m内的沙泥底浅海水域。产卵季内具集结洄游之习性，以小型鱼类、甲壳类等为食。白姑鱼因其肉厚而细嫩，具较高食用价值和经济价值，是产量较高的海洋经济鱼类，但此物种我国沿海产量并不多。食用方法以红烧、清炖为主，也可加工制成干白姑鱼。

斑鰶

Konosirus punctatus (Temminck & Schlegel, 1846)

又称刺儿鱼、古眼鱼、磁鱼和油鱼。鳃盖后方具1块较大的黑绿色斑，物种因此而得名。体形椭圆形，成体体长约20 cm，银灰色。口小，无牙。腹部具腹棱，背鳍前无棱鳞。背鳍、胸鳍、尾鳍淡黄色，余鳍淡色。斑鰶属暖水性、广盐、小型中上层鱼类，广泛分布于我国沿海、朝鲜及日本沿海。常群居于沿海港湾和河口附近，喜游于水面。斑鰶在生殖季节喜栖息于海湾和河口低盐水域，有时甚至进入淡水。主要摄食浮游植物，兼食浮游动物和底栖生物。物种生长迅速、性成熟较快、生产效率较高，是近海拖网、近岸大拉网、定置张网和小型刺网的兼捕种类。斑鰶鱼肉蛋白质含量高，含有18种氨基酸，且赖氨酸含量丰富，是制作明胶、生物活性肽、功能食品基料、海鲜调味料的好原料。

门	脊索动物门 Chordata
纲	辐鳍鱼纲 Actinopterygii
目	鲱形目 Clupeiformes
科	鲱科 Clupeidae
属	斑鰶属 *Konosirus*

斑鳍天竺鲷

Apogon carinatus Cuvier, 1828

门	脊索动物门	Chordata
纲	辐鳍鱼纲	Actinopterygii
目	鲈形目	Perciformes
科	天竺鲷科	Apogonidae
属	天竺鲷属	*Apogon*

体长圆而侧扁，头大，吻长，眼大；前鳃盖骨下角有锯齿，尾鳍圆形。第一背鳍黑色，第二背鳍最末软条基底有一带白边之黑点，和眼睛大小相近；体侧有5~7条垂直宽横带；臀鳍边缘黑，尾鳍末端亦色暗；各鳍色透明略带黄。耳石两端钝圆，背部边缘呈折线状，腹部为弧形，表面光洁，背部中央有一凹刻。前上部边缘有数个波浪状纹理。听沟浅，形成一淡淡的印痕。斑鳍天竺鲷分布于日本至中国海。主要栖息于泥沙底质海域，以多毛类或其他底栖无脊椎动物为食。斑鳍天竺鲷经济价值不高，通常以小杂鱼处理，用作鱼饲料，有时会晒成小鱼干在沿海小规模食用。

叉斑狗母鱼
Synodus macrops Tanaka, 1917

体延长，亚圆筒形，头平扁。吻前端稍尖，三角形，吻长大于眼径。眼大，侧前位。口宽，前颌骨不延长。鳃孔大，鳃盖膜不与颊部相连。圆鳞小，易脱落，头背面、颊部和鳃盖上有鳞。叉斑狗母鱼主要分布于印度洋和太平洋，在我国的南海和东海均有较丰富的资源。已有资料显示，2006年5月至2007年2月浙江南部外海叉斑狗母鱼的捕获量占鱼类总渔获量的1.88%。叉斑狗母鱼是低值鱼类，也是海洋产品深加工的重要对象之一。

门	脊索动物门	Chordata
纲	辐鳍鱼纲	Actinopterygii
目	仙女鱼目	Aulopiformes
科	狗母鱼科	Synodontidae
属	狗母鱼属	*Synodus*

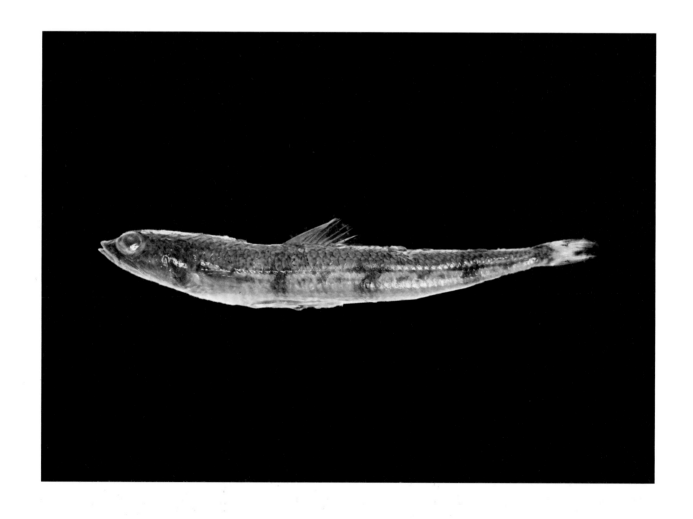

赤鼻棱鳀

Thryssa kammalensis (Bleeker, 1849)

门	脊索动物门	Chordata
纲	辐鳍鱼纲	Actinopterygii
目	鲱形目	Clupeiformes
科	鳀科	Engraulidae
属	棱鳀属	*Thryssa*

　　体甚侧扁，腹部在腹鳍前后具1排锐利棱鳞。头略小，侧扁；吻钝，吻长明显短于眼径。口大，倾斜，上颌骨末端尖但短，仅达前鳃盖骨后缘。体被圆鳞，鳞中大，易脱落；尾鳍叉形，体背部青灰色，具暗灰色带，侧面银白色；吻常为赤红色，背鳍、胸鳍及尾鳍黄色或淡黄色，腹鳍及臀鳍淡色。广泛分布于大西洋、太平洋和印度洋。赤鼻棱鳀作为温带和热带近海小型中上层低营养级饵料鱼，在海洋生态系统能量流动与转换中起着承上启下的作用，是海洋食物网中的关键种。主要以浮游动物为食，辅以多毛类和端足类。赤鼻棱鳀体薄肉少，通常晒成鱼干出售，或制成鱼粉作为饲料之原料，具有一定的经济价值，是海洋渔业的重要捕捞对象，随着近午来大中型经济鱼类数量减少，其产量及经济地位相对提高。

赤魟

Dasyatis akajei (Müller & Henle, 1841)

体盘极扁平，近圆形，体背面赤褐色、腹面为乳白色，头平扁，吻部稍尖突，尾细长具尾刺。因体形扁平、体表光滑、着生1条长如鞭的尾巴，可作为观赏鱼养殖。赤魟分布于西太平洋区，包括中国南海、东海以及日本南部和朝鲜西南部海域。是我国南海和东海海域的暖水性底栖鱼类，长江口咸淡水中也有分布。常栖息于泥沙底质海区或水深10 m以上的海湾区，白天俯卧水底，夜间活动，属掠食性鱼类。赤魟在近岸底栖生物群落中处于主要地位，以底栖的甲壳类、小型鱼类、蠕虫或软体动物为食。赤魟寿命长但繁殖力低，易受环境破坏和过度捕捞影响。我国沿海赤魟资源已遭受过度开发，《世界自然保护联盟濒危物种红色名录》已将其列为"近危"物种，淡水赤魟也被列为国家第二类水生保护动物。

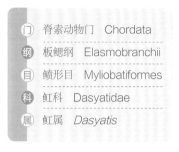

门	脊索动物门 Chordata
纲	板鳃纲 Elasmobranchii
目	鲼形目 Myliobatiformes
科	魟科 Dasyatidae
属	魟属 *Dasyatis*

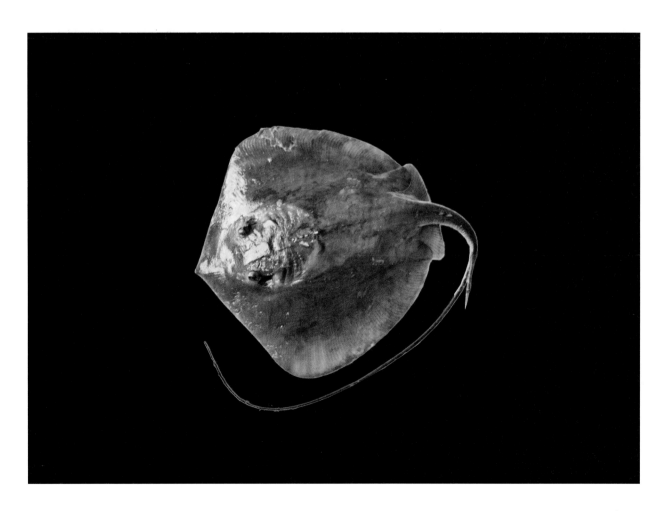

刺鲳
Psenopsis anomala (Temminck & Schlegel, 1844)

门	脊索动物门	Chordata
纲	辐鳍鱼纲	Actinopterygii
目	鲈形目	Perciformes
科	长鲳科	Centrolophidae
属	刺鲳属	*Psenopsis*

俗称肉鲫、南鲳。体侧扁，略呈卵圆形，头小，吻短。体被薄圆鳞，易脱落，背部青灰色，腹部色较浅。鳃盖后上角有一黑斑，尾鳍深叉形。热带及亚热带中下层经济鱼类，在我国主要分布于东海、南海，国外分布于韩国南部和日本南部等近海海域。东海区刺鲳分布范围较广，基本上从南到北，从近海到外海均有分布。刺鲳幼鱼栖息于表水层，常躲藏于水母触须中以寻求保护，成鱼则为底栖性鱼。常以小型底栖无脊椎动物为食。刺鲳是东海海域拖网常见的经济性食用鱼，据记载其盛产期在每年的10月至次年3月，但是几乎全年都有渔获。刺鲳肉质肥美，口味与白鲳较为相似，肉质比较松软，是大众化食用鱼类。

大弹涂鱼
Boleophthalmus pectinirostris (Linnaeus, 1758)

俗称花跳、泥猴、跳跳鱼。体延长，侧扁，体前部亚圆筒形；眼小位高，互相靠拢，突出于头顶之上，下眼睑发达；体被小圆鳞，无侧线。体深褐色，背鳍和尾鳍上有蓝色小圆点。体背黑褐色，腹部灰色。大弹涂鱼在中国、朝鲜、日本、缅甸、越南和马来西亚均有分布。在我国分布于江苏、浙江、福建、台湾、广东和广西等地沿海滩涂地区。大弹涂鱼为广温广盐两栖鱼类，具钻孔栖息习性，喜欢栖息于港湾和河口潮间带淤泥滩涂。杂食性，主食底栖硅藻，兼食泥土中有机质，常在退潮时出来索饵，刮食底栖硅藻。大弹涂鱼肉质鲜美细嫩，深受沿海群众的喜欢，市场需求量很大，已经成为我国东南沿海地区重要的养殖对象。

门	脊索动物门	Chordata
纲	辐鳍鱼纲	Actinopterygii
目	鲈形目	Perciformes
科	虾虎鱼科	Gobiidae
属	大弹涂鱼属	*Boleophthalmus*

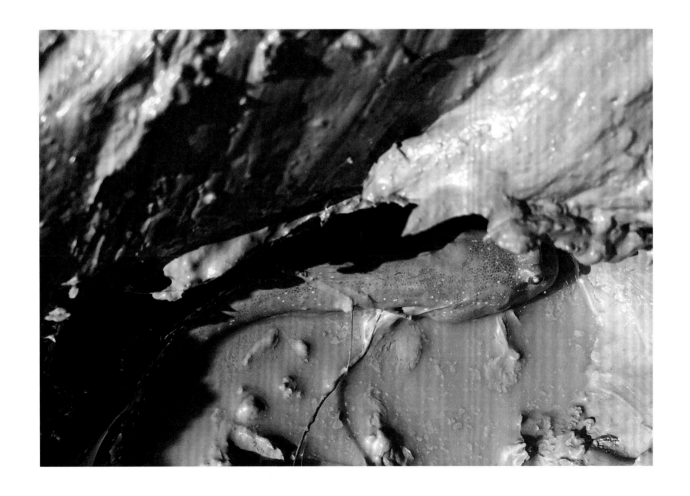

带鱼

Trichiurus lepturus Linnaeus, 1758

门	脊索动物门	Chordata
纲	辐鳍鱼纲	Actinopterygii
目	鲈形目	Perciformes
科	带鱼科	Trichiuridae
属	带鱼属	*Trichiurus*

又名牙带鱼、刀鱼。体形侧扁如带，银灰色，背鳍及胸鳍浅灰色，带有很细小的斑点，尾巴黑色，带鱼头尖口大，至尾部逐渐变细，身高约为头长的2倍。带鱼主要分布于西太平洋和印度洋，在中国各海区均有分布。带鱼具有集群特性，春季带鱼成群由深水越冬区游向近岸，由南至北进行生殖洄游。带鱼性情凶猛，主要摄食小型鱼类和甲壳类，食物组成存在季节差异。带鱼和大黄鱼、小黄鱼及乌贼并称为中国的四大海产，带鱼是目前东海四大海产中唯一能形成较大鱼汛的捕捞对象，在东海渔业中具有举足轻重的地位。带鱼捕捞后很难长时间成活，出水后1~2 h即死亡，物种的全人工养殖技术至今尚未突破。

短尾大眼鲷
Priacanthus macracanthus Cuvier, 1829

体椭圆形，侧扁。眼大，眼径约占头长的一半，物种因此得名。体表浅红色，腹部色浅，尾鳍边缘深红色，背鳍、臀鳍及腹鳍鳍膜间均有黄色斑点。成体体长约20 cm，体重100~200 g。分布于印度洋和太平洋沿岸水域，在我国主要分布于南海和东海，以南海北部和东海南部数量较多，属于暖水性底层鱼类。短尾大眼鲷食谱很广，以磷虾类、小型鱼类、头足类以及长尾类为主要食物类群，兼食糠虾类和浮游幼虫。主要栖息于200 m以内水深的浅海陆架区，是南海区近岸海域主要经济物种之一，也是底拖网产量最高的捕捞种类之一。近年来此物种在近岸捕捞渔获物中的比例不断升高，占总渔获量的比例稳定在30%左右。

门	脊索动物门	Chordata
纲	辐鳍鱼纲	Actinopterygii
目	鲈形目	Perciformes
科	大眼鲷科	Priacanthidae
属	大眼鲷属	*Priacanthus*

海鳗
Muraenesox cinereus (Forsskål, 1775)

门	脊索动物门	Chordata
纲	辐鳍鱼纲	Actinopterygii
目	鳗鲡目	Anguilliformes
科	海鳗科	Muraenesocidae
属	海鳗属	*Muraenesox*

俗称门鳝、即勾、狼牙鳝。体呈长圆筒形，头尖长，尾部侧扁，尾长大于头和躯干的长度之和，体黄褐色，大型个体沿背鳍基部两侧各具1暗褐色条纹。暖水性近底层肉食性鱼类，广泛分布于非洲东部、印度洋及西北太平洋。中国沿海均产，东海为主产区。通常栖息于水深50~80 m的泥沙或沙泥底质海域，游泳迅速，喜摄食虾、鱼类和乌贼等。海鳗捕食方式较为独特，捕食时个体快速向猎物靠近，然后用前端有牙的下颌夹住猎物。与此同时，隐藏在咽喉后部的具有攻击性的内颌会跳出来扑向猎物，然后拖入腹中。具明显洄游现象，产卵期为3—7月，产卵场多在泥或泥沙处。目前海鳗已实现一定规模的人工养殖。

褐菖鲉

Sebastiscus marmoratus (Cuvier, 1829)

又称石虎、虎头鱼。头部背面具棱棘，眼间隔凹深，较窄，眼眶骨下缘无棘；眶前骨下缘有1钝棘，上下颌、犁骨及颚骨均有细齿带，体侧有暗色不规则横纹。广泛分布于中国、朝鲜、日本、菲律宾等区域岩礁水体，在我国集中于东海南部和南海海域。物种通常栖息于近海的岩礁石缝，主要以小型虾类、鱼类和泥螺为食。褐菖鲉通常2~3龄性成熟，成体重量通常为75~250 g，体长为120~200 mm，繁殖季为每年12月至次年5月。近年来我国沿海褐菖鲉资源量相对稳定，是生产和休闲渔业的主捕对象。营养和经济价值较高，其肉质白嫩、味道鲜美，素有"假石斑鱼"之称，是一种颇受人们喜爱的海产品。

门	脊索动物门	Chordata
纲	辐鳍鱼纲	Actinopterygii
目	鲉形目	Scorpaeniformes
科	平鲉科	Sebastidae
属	菖鲉属	*Sebastiscus*

黄牙鲷

Dentex tumifrons (Temminck & Schlegel, 1843)

门	脊索动物门	Chordata
纲	辐鳍鱼纲	Actinopterygii
目	鲈形目	Perciformes
科	鲷科	Sparidae
属	牙鲷属	Dentex

俗称齿鲷、黄加立、赤鯮、波立。体呈椭圆形，侧扁，背部狭窄，腹部钝圆。体黄赤色，腹部较浅。体侧上部有3个金黄色圆斑，臀鳍及尾鳍下叶呈黄色。体长14~25 cm。黄牙鲷分布于北太平洋中西部，在我国分布于南海和东海南部，主要渔场在广东至海南岛，近海以广东沿海产量较多。黄牙鲷属暖水性、高盐性、广食性底层鱼类，主要摄食小型鱼类、磷虾类、长尾类以及头足类动物，兼食短尾类和口足类。栖息水层多为80~200 m，主要栖息于120~200 m，栖息水温为10~23 ℃。黄牙鲷为沿海渔业兼捕物种，但其体色鲜亮，既有鲷科鱼类的口味鲜美，又有深海鱼类的肉质紧密。在日本，黄牙鲷是作为刺身制品的主要原料，具有较高的经济价值。

黄鲫

Setipinna tenuifilis (Valenciennes, 1848)

俗称马口鱼。体扁薄，头短小，吻突出，口裂大而倾斜。体被薄圆鳞，易脱落。胸鳍上部1鳍条延长为丝状，背鳍前方有一小刺，臀鳍长，尾鳍叉形，不与臀鳍相连。吻和头侧中部呈淡黄色，体背青绿色，体侧银白色，背鳍、胸鳍和尾鳍均为黄色。成体体长约15 cm，体重20~30 g。黄鲫属于近海中小型鱼类，栖息于海洋下层，主要分布在中国、日本、朝鲜、马来西亚、印度尼西亚、印度和缅甸等地海域。在我国的东海、南海、渤海可常年捕获，且捕获量较大。黄鲫主要栖息于水深4~13 m以内的泥质水域。肉食性，主要摄食浮游甲壳类，兼食箭虫、鱼卵和水母。东海黄鲫产卵期为5—6月。黄鲫肉质细嫩，营养价值很高，是我国近海重要的食用鱼类。

门	脊索动物门	Chordata
纲	辐鳍鱼纲	Actinopterygii
目	鲱形目	Clupeiformes
科	鳀科	Engraulidae
属	黄鲫属	*Setipinna*

密斑马面鲀

Thamnaconus tessellatus (Günther, 1880)

（门）	脊索动物门　Chordata
（纲）	辐鳍鱼纲　Actinopterygii
（目）	鲀形目　Tetraodontiformes
（科）	单角鲀科　Monacanthidae
（属）	马面鲀属　*Thamnaconus*

体呈椭圆形，侧扁。尾柄短而侧扁，长为高的1.1~1.5倍。头中大，近三角形，背腹缘微凸或斜直，吻长而尖，眼间隔圆凸，宽约等于或稍大于眼径。口小，前位。暖水性中下层鱼类，在我国分布于东海和南海；国外分布于朝鲜、日本、澳大利亚海域。密斑马面鲀主要以小型浮游生物为食，主要摄食桡足类、端足类和介形类，其次是螺类、蛤类、长尾类和短尾类。个体性成熟较早，通常1龄已全部成熟。产黏性卵，受精后附着于水草、藻类和沙砾之上。密斑马面鲀具有较高的经济价值，曾是南海最大宗的高产鱼类，是底拖网作业的主要捕捞对象。

基岛䲗
Callionymus kaianus Günther, 1880

体细长形，似四棱状，中等平扁，向后渐尖，后端略侧扁。体长为体高的9.6~12.2倍，体宽的4.9~5.2倍，头长的3.9~4.4倍。头稍小，平扁，背面俯视似三角形。基岛䲗为太平洋热带一种近海底层小杂鱼，喜栖息于沙底附近。在我国分布于南海。国外分布于日本等地海域。

门	脊索动物门 Chordata
纲	辐鳍鱼纲 Actinopterygii
目	鲈形目 Perciformes
科	䲗科 Callionymidae
属	䲗属 *Callionymus*

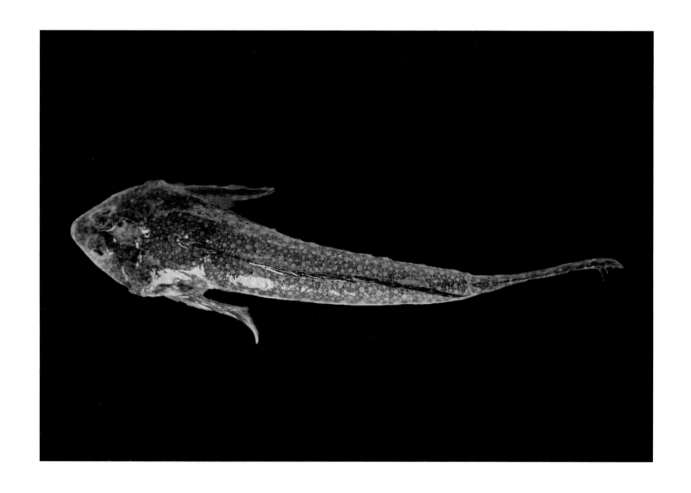

棘鼬鳚

Hoplobrotula armata (Temminck & Schlegel, 1846)

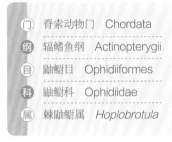

门	脊索动物门	Chordata
纲	辐鳍鱼纲	Actinopterygii
目	鼬鳚目	Ophidiiformes
科	鼬鳚科	Ophidiidae
属	棘鼬鳚属	*Hoplobrotula*

　　体圆而延长，近尾部处逐渐侧扁，吻前端具硬棘1枚，通常为厚皮所覆盖。鳃盖骨后方具强棘1枚，基鳃骨中央及下咽具齿，主上颌骨大，其末端的宽度约相当于眼径；除头顶外，体均被鳞，背鳍和臀鳍非常长，可延伸至尾鳍部位；体上半部褐色，下半部较淡，背鳍褐色，臀鳍淡色，均具暗缘。棘鼬鳚分布于西太平洋日本至澳洲海域，主要栖息于大陆棚沙泥底水域，栖息深度通常在200~350 m。其为肉食性鱼类，以底栖生物虾、蟹和鱼为主食。

日本尖牙鲈

Synagrops japonicus (Döderlein, 1883)

俗称光棘尖牙鲈、深水天竺鲷、深水大面侧仔。体椭圆形，侧扁，头大，眼大，吻短钝。口大，斜裂，下颌稍突出，上下颌前端具犬齿，侧边、锄骨则具绒毛状齿。主要分布于印度洋—太平洋海域。体黑褐色，腹部颜色较淡，各鳍缘颜色较深。通常栖息于大陆架斜坡水域，深度为100~800 m。肉食性。可作为食用鱼，但经济价值较低，一般皆当下杂鱼利用，可利用底拖网捕获。

门	脊索动物门	Chordata
纲	辐鳍鱼纲	Actinopterygii
目	鲈形目	Perciformes
科	发光鲷科	Acropomatidae
属	尖牙鲈属	*Synagrops*

孔鰕虎鱼

Trypauchen vagina (Bloch & Schneider, 1801)

（门）脊索动物门 Chordata

（纲）辐鳍鱼纲 Actinopterygii

（目）鲈形目 Perciformes

（科）鰕虎鱼科 Gobiidae

（属）孔鰕虎鱼属 *Trypauchen*

体覆盖圆鳞，头部无鳞，胸腹部有小鳞。体略呈淡紫红色。眼退化，埋于皮下。分布于印度洋北部沿岸、印度尼西亚、新加坡以及中国近海，在我国的东海、南海均有分布。孔鰕虎鱼为近海潮间带暖水性底层小型鱼类，常栖息于咸、淡水的泥涂中，也可栖息于水深20 m的区域。行动缓慢，涨潮游出穴外，不成大群。生命力强，能在缺氧的情况下生活。孔鰕虎鱼主要以底栖硅藻和无脊椎动物为食饵，并在春季产卵，1年生个体体长可达90~100 mm，成鱼体长200~220 mm，大个体体长可达250 mm。春季和冬季刮风时，由于水色混浊，孔鰕虎鱼便大量游向近岸，定置网渔获产量较高。孔鰕虎鱼肉质较为一般，可供鲜食、腌制或制成咸干品。

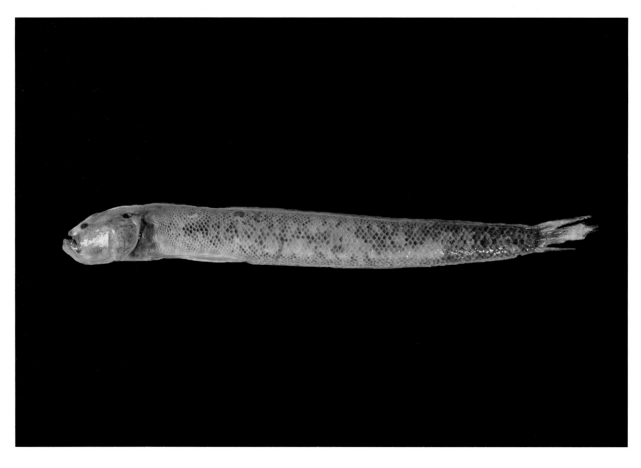

蓝圆鲹

Decapterus maruadsi (Temminck & Schlegel, 1843)

又称巴浪鱼、池鱼、棍子鱼、黄占、池仔。体呈纺锤形，口大；体背部蓝绿色，腹部银白，第2背鳍具黑缘；尾鳍深叉，黄绿色。广泛分布于中国南海和东海，是我国主要的经济鱼类之一，具有形体小、产量大、营养丰富等特点。蓝圆鲹具趋光性，是近海暖水性中上层洄游鱼类，生活于1~200 m海域，常聚集于近海沿岸。肉食性，以浮游甲壳类和小型鱼类为其主要食物类群。蓝圆鲹富含蛋白质，是制备各种生物活性肽的优良原料。物种肉质细嫩、味道鲜美，是理想的海洋食物蛋白资源。蓝圆鲹富含不饱和脂肪酸，较易腐败，故具有"离水烂"之称。蓝圆鲹渔获鲜销较少，多数被加工成咸干品和动物饲料等。

门	脊索动物门　Chordata
纲	辐鳍鱼纲　Actinopterygii
目	鲈形目　Perciformes
科	鲹科　Carangidae
属	圆鲹属　*Decapterus*

六带拟鲈

Parapercis sexfasciata (Temminck & Schlegel, 1843)

门	脊索动物门	Chordata
纲	辐鳍鱼纲	Actinopterygii
目	鲈形目	Perciformes
科	拟鲈科	Pinguipedidae
属	拟鲈属	*Parapercis*

又称六带斑拟鲈。体呈圆筒形，尾鳍后缘略圆突出，主鳃盖骨上具棘刺1根。体背部赤褐色，自眼睛至尾柄具7条暗色横带，其中体侧4条暗色横带呈"V"形，物种因此得名。成体体长通常10~20 cm。在我国主要分布于东海和南海，为暖水性浅海底层鱼类。栖息在浅海至大陆架的泥沙底，以底栖小生物为食。平时伏于礁盘与沙地间之区域，伺机掠食。六带拟鲈产卵包括春秋两季。六带拟鲈属小型鱼类，经济价值较低，渔业生产中多作为杂鱼渔获物被捕获。

麦氏犀鳕

Bregmaceros mcclellandi Thompson, 1840

体延长，侧扁，背缘平直，腹部圆形；吻短，圆形，小于眼径；眼侧位，大而圆形，上半部被透明半圆形脂眼睑；眼间隔宽而圆突，大于眼径。口大，端位，口裂稍斜，两颌约等长；背侧面浅灰色，腹面浅色，尾鳍和胸鳍上中部均黑色，腹鳍及臀鳍浅色。麦氏犀鳕主要生长在热带及亚热带水域，为远洋及深海区上层鱼类，以浮游生物为食。在我国主要分布于东海南部如浙江、福建、台湾、广东、广西及海南。栖息地水体深度通常在20~30 m，最大深度可达2000 m，喜结群洄游。

门	脊索动物门	Chordata
纲	辐鳍鱼纲	Actinopterygii
目	鳕形目	Gadiformes
科	犀鳕科	Bregmacerotidae
属	犀鳕属	*Bregmaceros*

前肛鳗

Dysomma anguillare Barnard, 1923

门	脊索动物门	Chordata
纲	辐鳍鱼纲	Actinopterygii
目	鳗鲡目	Anguilliformes
科	合鳃鳗科	Synaphobranchidae
属	前肛鳗属	*Dysomma*

体形细长且圆，尾部显著较长，肛门位于胸鳍后下方。上颌牙绒毛带状；下颌牙细尖，1行；犁骨牙1行，3~4个。舌不能活动。背鳍、臀鳍与尾鳍发达。体无鳞，皮肤光滑。体灰褐色，腹侧白色。分布于印度洋和太平洋西部。在我国分布于南海和东海南部。主要摄食口虾蛄，其次是长尾类和短尾类，共20余种，以中华管鞭虾等为最多。暖水性小型鳗鱼，成体体长150~450 mm，栖息于沿岸浅海，有时进入河口水域。前肛鳗肉味尚佳，可食用。体表被黏液，较难捕获。

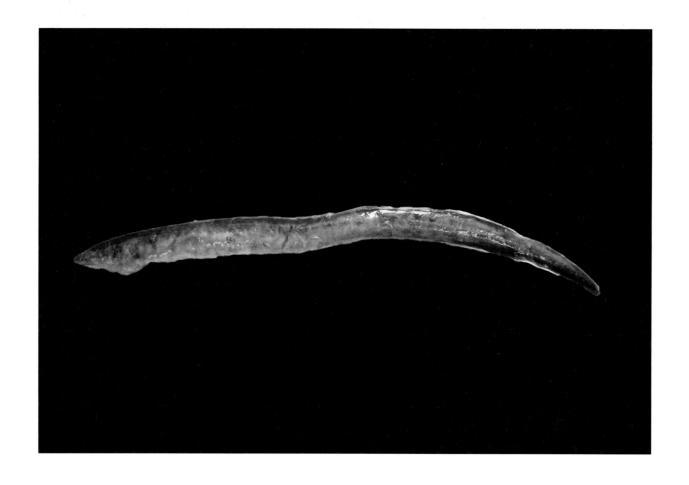

日本鲭
Scomber japonicus Houttuyn, 1782

俗名花辉、青辉、青花、鲐鱼。体呈纺锤形，稍侧扁，尾柄细短；头中大，吻稍尖，眼大，有发达脂眼睑；口大，前位，体被细小圆鳞，胸部鳞片较大；体背部青黑色，具深蓝色不规则斑纹，延伸到侧线下方；腹部银白色，背鳍、胸鳍及尾鳍灰褐色。广泛分布于西北太平洋沿岸海域，在中国沿岸及日本、朝鲜等海域均有分布。日本鲭每年春季向沿海进行远距离生殖洄游，有趋光性，产浮性卵，怀卵量50万~180万粒。主要摄食浮游甲壳类、桡足类、端足类、头足类及鱼类。日本鲭属中上层鱼类，是东海、黄海、渤海沿海各省市的重要捕捞对象，捕捞方式包括大型围网、群众机轮灯光围网、灯光敷网、流刺网和拖网。不新鲜的日本鲭易产生组胺，不能食用。

门	脊索动物门 Chordata
纲	辐鳍鱼纲 Actinopterygii
目	鲈形目 Perciformes
科	鲭科 Scombridae
属	鲐属 *Scomber*

日本魣

Sphyraena japonica Bloch & Schneider, 1801

门	脊索动物门	Chordata
纲	辐鳍鱼纲	Actinopterygii
目	鲈形目	Perciformes
科	魣科	Sphyraenidae
属	魣属	*Sphyraena*

体延长，圆筒形，背微凸，腹部圆形。体长为体高的6.9~8倍，体长为头长的2.8~3.2倍。头尖长，背视三角形。头长为吻长的2.1~2.2倍，为眼径的6.1~6.5倍。头顶自吻至眼间隔处具2对纵脊，中间1对较明显，止于眼后头部。世界性广布种，分布于南非、印度尼西亚、朝鲜和日本，以及我国南海、东海。物种喜欢在开放水域较为近岸的地区活动，单独或小群数一起活动。属掠食性鱼类，游泳能力强、速度快，活动范围广，无固定栖所环境。

带纹蹙鱼

Antennarius striatus (Shaw, 1794)

体粗短，侧扁，背缘弧形，腹部突出，后部渐细，尾柄较短；体无鳞，皮肤粗杂，密被细绒毛状小棘突。尾鳍圆形；胸鳍前方沿体侧至头腹面具稀疏的深黑色须状小突起。带纹蹙鱼为世界广布种，分布于印度洋—太平洋海域。在我国分布于南海、东海，属于近海暖水性底层小型鱼类。多栖息于热带、亚热带海洋中，常潜伏于海湾滩涂、浅海岩礁以及海藻丛生处及珊瑚丛中。体形和颜色随周围环境改变，是极佳的化装师，常在礁石间静止不动，拟态成石块，借机吞食附近的生物。物种除可变色外，尚可制造怪异造型，背上鱼鳍可特化成"钓鱼竿"，或者凸显在头顶，配上蹙鱼松垮的外貌，通常难以辨识为鱼类。

门	脊索动物门	Chordata
纲	辐鳍鱼纲	Actinopterygii
目	鮟鱇目	Lophiiformes
科	蹙鱼科	Antennariidae
属	蹙鱼属	*Antennarius*

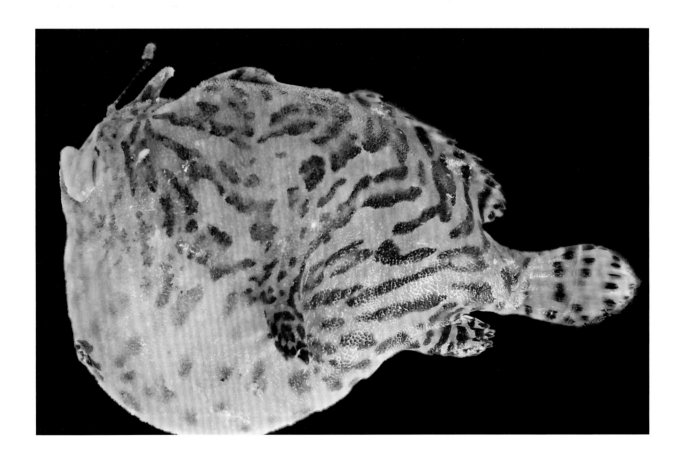

深海红娘鱼

Lepidotrigla abyssalis Jordan & Starks, 1904

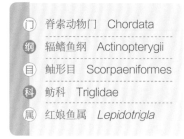

门	脊索动物门 Chordata
纲	辐鳍鱼纲 Actinopterygii
目	鲉形目 Scorpaeniformes
科	鲂科 Triglidae
属	红娘鱼属 *Lepidotrigla*

　　体延长，稍侧扁，头背面及侧面全被骨板。体鳞片易脱落，胸部无鳞，腹部被圆鳞，其余各部被大型栉鳞。体红褐色。主要分布于西北太平洋沿岸水域，包括中国、日本和韩国东部，在中国主要分布于东海海域。底栖性鱼类，通常生活在沙泥底质海域。肉食性。深海红娘鱼具有一定的经济价值，通常利用底拖网生产渔船捕捞。营养价值较高，通常多用于煮汤，或是油炸使骨酥脆后食用；或充作下杂鱼、鱼粉等用途。

四线天竺鲷

Apogon quadrifasciatus Cuvier, 1828

体左右两侧各具2条棕色纵带，第1条较细，自眶上方起沿体背缘向后至第2背鳍基下；第2条较粗直，自吻端起穿过眼径，沿体侧中央向后直达毛鳍末端；尾柄无暗斑。暖水性、广盐性中下层小型鱼类，成体体长通常60~85 mm。分布于我国东海和南海，以及印度洋北部和东南亚水域。主要栖息于沙泥底质的浅海。四线天竺鲷经济价值不高，通常被作为小杂鱼处理，或用于制作鱼饲料，有时会晒成小鱼干自家食用。

门	脊索动物门	Chordata
纲	辐鳍鱼纲	Actinopterygii
目	鲈形目	Perciformes
科	天竺鲷科	Apogonidae
属	天竺鲷属	*Apogon*

乌鲳

Parastromateus niger (Bloch, 1795)

门	脊索动物门	Chordata
纲	辐鳍鱼纲	Actinopterygii
目	鲈形目	Perciformes
科	鲹科	Carangidae
属	乌鲳属	*Parastromateus*

俗名黑鲳、铁板鲳、乌鳞鲳。体卵圆形，高而侧扁。背、腹缘凸出，头小，眼小，眼睑不发达，眼间隔圆凸；吻短，口小，前位，稍倾斜；体被小圆鳞，呈黑褐色。成体体长可达40 cm以上。乌鲳分布于印度洋北部沿岸至朝鲜、日本以及中国沿海等，属于热带及亚热带中上层鱼类，通常生活在水色澄清的海区。乌鲳喜群聚，产卵季节游至水上层，遇天气恶劣时下沉到海底，畏强光。其生殖期为5—7月，盛期为5—6月。每年1—2月从外海结群向近岸密集，进行生殖洄游，7—8月产卵后又分散回到较深海区。乌鲳的主要食饵是小型水母、浮游海鞘和被囊类等。乌鲳为中国的南海、东海的经济鱼类之一，是大众化的食用鱼，四季都有出售。

星康吉鳗

Conger myriaster (Brevoort, 1856)

又名星鳗、星鳝、沙鳗、花点糯鳗、繁星糯鳗。体圆筒状，呈蛇形，尾部侧扁。口宽大、舌端游离、牙细小且排列紧密，无犬牙；背鳍与臀鳍及尾鳍相连，胸鳍狭小，腹鳍消失；背后侧灰褐色，腹下部灰乳色；侧线孔和侧线上方有星状斑点，物种因此得名；体无鳞、被多胶质样黏液。星康吉鳗广泛分布于我国近岸海域、日本海域和朝鲜沿岸海域，主要栖息于沿岸水域到大陆架边缘。星康吉鳗多栖息于沿岸泥沙、石砾底质水域底层，营养级较高，是以底栖动物和游泳动物为食的凶猛鱼类。星康吉鳗具有重要的生态和经济价值，是我国重要的海洋经济鱼类。渔获方式多为延绳钓和鳗鱼笼，也是底拖网和张网的兼捕对象。

门	脊索动物门	Chordata
纲	辐鳍鱼纲	Actinopterygii
目	鳗鲡目	Anguilliformes
科	康吉鳗科	Congridae
属	康吉鳗属	*Conger*

翼红娘鱼

Lepidotrigla alata (Houttuyn, 1782)

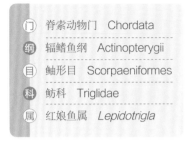

门	脊索动物门 Chordata
纲	辐鳍鱼纲 Actinopterygii
目	鲉形目 Scorpaeniformes
科	鲂科 Triglidae
属	红娘鱼属 *Lepidotrigla*

　　体延长，稍侧扁，头背面及侧面全被骨板；体被栉鳞，不易脱落；头部、胸部及腹部前方无鳞；体鲜红色，腹侧白色；胸鳍内侧茶绿色，新鲜时，带有红棕色的边缘。翼红娘鱼分布于西北太平洋区，包括日本、中国。主要栖息于60~110 m水深的沙泥底水域。翼红娘鱼可食用，具有较高的经济价值，通常利用底拖网方式捕获。多用于煮汤，或是油炸使骨酥脆后食用；或充作下杂鱼、鱼粉等用途。

油魣

Sphyraena pinguis Günther, 1874

体细长，纺锤形，背部和腹部钝圆。头长尖，俯视呈三角形。头顶自吻至眼间距处具2对纵脊。口大，微倾斜。体被较小圆鳞。体上部暗褐色，腹部银白色；背鳍、胸鳍及尾鳍淡灰色，尾鳍后缘黑色。性喜群游，但不结成大群。性情凶猛，肉食性，摄食小虾和幼鱼，包括枪乌贼、脊尾白虾、竹蛏、梭鱼、银鱼、青鳞鱼、矛尾虾虎鱼、六丝矛尾银虎鱼、矛尾复虾虎鱼、白姑鱼、叫姑鱼、蓝点马鲛幼鱼。栖息于海洋中下层。在我国分布于渤海、黄海、东海、南海。国外分布于朝鲜、日本、印度、菲律宾及非洲东部等沿海。肉味鲜美，种群密度较高，是东海近海重要的经济鱼类，通常利用底拖网、流刺网或延绳钓等方式捕捞。

门	脊索动物门	Chordata
纲	辐鳍鱼纲	Actinopterygii
目	鲈形目	Perciformes
科	魣科	Sphyraenidae
属	魣属	*Sphyraena*

真鲷

Pagrus major (Temminck & Schlegel, 1843)

门	脊索动物门	Chordata
纲	辐鳍鱼纲	Actinopterygii
目	鲈形目	Perciformes
科	鲷科	Sparidae
属	真鲷属	*Pagrus*

　　又称加吉鱼、红加吉、红鲷、红带鲷、红鳍鱼。体侧扁，椭圆形，体被大弱栉鳞，头部和胸鳍前鳞细小而紧密，腹面和背部鳞较大。头大，口小，左右额骨愈合成一块；全身呈现淡红色。成体体长通常为15~30 cm、体重为300~1000 g。真鲷为近海暖水性底层肉食性鱼类，分布于印度洋和太平洋。常栖息于水质清澈、藻类丛生的岩礁海区，结群性强，游泳迅速。真鲷主要以底栖甲壳类、软体动物、棘皮动物、小鱼及虾蟹类为食，对蛋白需求相对较高。真鲷是一种名贵海水经济鱼类。黄海、渤海渔期为5—8月和10—12月；东海闽南近海和闽中南部沿海渔期为10—12月，11月是盛产期。现阶段真鲷也是我国海水网箱养殖的主要品种。

中华鲟

Acipenser sinensis Gray, 1835

中华鲟是世界上现存27种鲟鱼中的珍稀种类，为全球分布最南的鲟属物种，素有"活化石"之称。体呈纺锤形，头尖吻长，口前有4条吻须，口位在腹面，有伸缩性，并能伸成筒状，体被覆五行大而硬的骨鳞，背面一行，体侧和腹侧各两行。中华鲟主要分布于朝鲜半岛西海岸以南的沿海地区和各大江河，中国长江干流金沙江以下至入海河口，以长江出产较多。中华鲟是大型溯河洄游鱼类，已有记录中最大个体重680 kg，体长可超400 cm，最长寿命达35年。肉食性，主要摄食小型鱼类、甲壳类和软体动物。中华鲟现为我国一级水生野生重点保护动物，亦是《世界自然保护联盟濒危物种红色名录》中的极危物种。现阶段中华鲟已可实现规模化人工繁育。

门	脊索动物门　Chordata
纲	辐鳍鱼纲　Actinopterygii
目	鲟形目　Acipenseriformes
科	鲟科　Acipenseridae
属	鲟属　*Acipenser*

竹荚鱼

Trachurus japonicus (Temminck & Schlegel, 1844)

门	脊索动物门	Chordata
纲	辐鳍鱼纲	Actinopterygii
目	鲈形目	Perciformes
科	鲹科	Carangidae
属	竹荚鱼属	*Trachurus*

又名刺鲅鱼、黄鳟。体呈纺锤形,侧线上为高而强的棱鳞,形如利用竹板编制的荚,物种由此得名。头大,前端细尖似圆锥形,眼大,位高,口大,上下颌等长,各具1行细牙;体被细小圆鳞,体背呈青黑色或深蓝色,体两侧胸鳍水平线以上有不规则的深蓝色虫蚀纹,腹部白而略带黄色,胸鳍浅黑色,臀鳍浅粉红色,其他各鳍为淡黄色。竹荚鱼广泛分布于我国沿海及朝鲜、日本沿海等水域,是一种暖水性中上层鱼类,喜集群,游泳迅速,有趋光性,对声音反应灵敏,生长迅速,喜食浮游甲壳动物和仔稚鱼。成鱼体长通常为20~38 cm、体重100~300 g。喜欢栖息在海藻茂密的暗礁周围和中层水域,常与日本鲭、蓝圆鲹、金色小沙丁等中上层鱼类混栖。竹荚鱼有较高的经济价值,是我国东海和南海海域灯光围网和底拖网的主要捕捞对象。

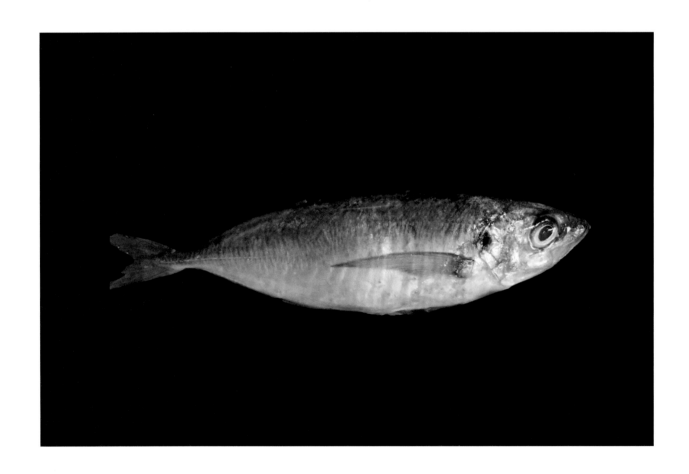

鲻

Mugil cephalus Linnaeus, 1758

俗称乌支、九棍。体延长，前部近圆筒形，后部侧扁，体长20~40 cm，体重500~1500 g，全身被圆鳞；眼大，眼睑发达，牙细小呈绒毛状，生于上下颌的边缘；尾鳍深叉形，体、背、头部呈青灰色，腹部白色。鲻是温热带浅海中上层优质经济鱼类，广泛分布于大西洋、印度洋和太平洋，是世界上分布最广的经济鱼类，也是我国南方沿海咸、淡水养殖，自然海域增殖放流的对象。鲻具广盐性、个体大、生长快、食物链级次低、肉细嫩、味鲜美等特点，并且能够充分摄取水中的浮游生物和残饵，具有调节水质、改良地质的作用，适合池塘混养。鲻鱼喜栖息于河口咸淡水处，亦可生活在淡水中。冬至前的鲻鱼最为丰满，腹背皆腴，尤为肥美。

门	脊索动物门 Chordata
纲	辐鳍鱼纲 Actinopterygii
目	鲻形目 Mugiliformes
科	鲻科 Mugilidae
属	鲻属 *Mugil*

棕斑兔头鲀

Lagocephalus spadiceus (Richardson, 1845)

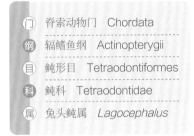

门	脊索动物门	Chordata
纲	辐鳍鱼纲	Actinopterygii
目	鲀形目	Tetraodontiformes
科	鲀科	Tetraodontidae
属	兔头鲀属	*Lagocephalus*

俗名乌乖、青水乖、王鸡鱼、金龟鱼。背腹部具小刺，鼻囊圆凸状，体背侧绿色，尾鳍凹形；上叶尖端和下叶缘白色，鳃孔黑色。在我国分布于南海和东海，国外分布于南非、印度尼西亚、菲律宾和日本沿岸。在我国南海种群密度较高，属近海暖水性底层鱼类。成体体长通常130~250 mm，大个体体长达540 mm。内脏有毒，经加工处理后方可食用。

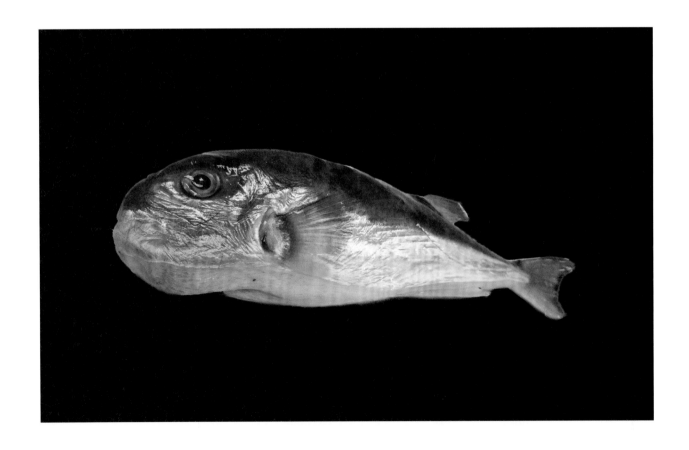

鲬

Platycephalus indicus (Linnaeus, 1758)

别名牛尾鱼。体长20~30 cm，大者可达50 cm，体延长，平扁，呈黄褐色，向后渐狭小，躯干前半部稍高，头长大，平扁。背侧黄褐色且常有7~8行暗斑及许多小黑点，腹侧淡黄。鳍黄色，除臀鳍外，都有小黑点或大黑斑。鲬为暖水性近海底层鱼类，喜栖息于沿岸沙质海底水深约50 m以内的底层，但常可见于河口区。常半埋沙中，露出背鳍鳍棘，以做诱饵并御敌害。鲬游泳速度缓慢，不集成大群，有短距离洄游习性，肉食性，主要摄食甲壳类、头足类、贝类等，食性比较广泛。主要分布于我国沿海及国外的日本、朝鲜、印度尼西亚、菲律宾、澳大利亚、印度等地。该种鱼体形较大，鱼市场较为常见，在日本已有商业性的养殖。肉质细致味美，是不错的食用鱼。

门	脊索动物门	Chordata
纲	辐鳍鱼纲	Actinopterygii
目	鲉形目	Scorpaeniformes
科	鲬科	Platycephalidae
属	鲬属	*Platycephalus*

四长棘鲷

Argyrops bleekeri Oshima, 1927

门	脊索动物门	Chordata
纲	辐鳍鱼纲	Actinopterygii
目	鲈形目	Perciformes
科	鲷科	Sparidae
属	四长棘鲷属	*Argyrops*

又名立鱼、长旗立。与二长棘鲷相似，其主要区别：一是四长棘鲷的背鳍仅第1鳍棘短小，其后4~5根鳍棘延长呈丝状，其中尤以第2鳍棘最长，依次渐短；二是四长棘鲷的背部及背、胸、尾结均呈红色，体侧还有5~6条较深的红色横带。体长10~30 cm，体呈椭圆形，侧扁，背面狭窄，在我国主要分布于南海及东海南部，国外主要分布于印度尼西亚及菲律宾海域。属于亚热带底栖鱼类，肉食性，以甲壳类、软体动物、小鱼为食。幼鱼一般出现在掩蔽海湾的较浅水域，较大个体更倾向于生活在较深的水域。一般不做远距离洄游。肉味细致鲜美，适宜油煎、炭烤，为底曳网捕捞对象，具有一定的经济价值。

鯻

Terapon theraps Cuvier, 1829

体长10~20 cm，头中等大，后头部背面具骨质隆起线纹，体被厚栉鳞，背鳍鳍棘部与鳍条部相连，中间有一浅凹陷。体背部灰褐色，体侧有四条棕黑色纵带。背鳍第3~7鳍棘间有大黑点，第1~4鳍条末及第6~8鳍条间各有黑斑。尾鳍上有5条黑斑带。鯻鱼属于热带暖水性底层鱼类，喜栖息于泥沙底海区，常在河口或浅滩处觅食。在我国分布于南海和东海，为广东沿海常见种，国外在印度、越南、菲律宾等地均有发现。出海捕获的常见鱼，烹饪方式以煮汤和红烧最佳，具有较高的经济价值。

门	脊索动物门	Chordata
纲	辐鳍鱼纲	Actinopterygii
目	鲈形目	Perciformes
科	鯻科	Terapontidae
属	鯻属	*Terapon*

横纹东方鲀
Takifugu oblongus (Bloch, 1786)

门	脊索动物门	Chordata
纲	辐鳍鱼纲	Actinopterygii
目	鲀形目	Tetraodontiformes
科	鲀科	Tetraodontidae
属	东方鲀属	*Takifugu*

身体亚圆筒形，尾部稍侧扁。头宽而圆，鼻孔小，每侧2个。为有毒鱼类，其卵巢、内脏、血液、脊髓等部位均含有剧毒的河鱼鲀毒素，人畜误食后均能致死。横纹东方鲀主食虾蟹、贝类及幼鱼等，食道的前腹侧及后腹侧扩大成气囊，遇敌时能吸入水或空气，使胸腹部膨胀如球，浮在水面。其为热带及亚热带近海底层中小型鱼类，生于不低于10℃海域，冬季水温下降，鱼群即游向深水区。其分布于印度—西太平洋海域，自南非至菲律宾，北自日本，南至澳大利亚广大海域。

短棘鲾
Leiognathus equula (Forsskål, 1775)

体极侧扁，近似菱形。眼大，吻部能向前、向下伸出。表皮光滑无鳞片。特征是背部高耸隆起，使颈部看似凹陷。鱼体银白，尾鳍深叉，为鲾科中体形最大的鱼种。生活于10~110 m深海域，喜好沙泥底质的浅海区，常进入河口区，属广盐性鱼类。短棘鲾以浮游动物为主食。主要分布于印度洋—西太平洋热带海域。是一种经济性食用鱼，具有一定的食用价值。

门	脊索动物门 Chordata
纲	辐鳍鱼纲 Actinopterygii
目	鲈形目 Perciformes
科	鲾科 Leiognathidae
属	鲾属 *Leiognathus*

线纹鳗鲇
Plotosus lineatus (Thunberg, 1787)

门	脊索动物门	Chordata
纲	辐鳍鱼纲	Actinopterygii
目	鲇形目	Siluriformes
科	鳗鲇科	Plotosidae
属	鳗鲇属	*Plotosus*

体延长，头部宽圆，尾部极侧扁而延长，略呈鳗鱼状。吻平扁而圆突，口部附近具有四对须。体光滑无鳞，多黏液。鳗鲇栖息环境可分为咸水和淡水区。多数海产者，喜栖于河口区及软底质海域。属夜行性鱼类，在昼间成鱼则单独或成群躲于礁缘下方。幼鱼出外活动，遇惊扰时会聚集成一浓密的球形群体称为"鲇球"，以求保护。主要分布于东海南部及南海。鳗鲇背鳍及胸鳍之硬棘呈锯齿状并有毒腺，故被刺伤时会极疼痛。

丝背细鳞鲀

Stephanolepis cirrhifer (Temminck & Schlegel, 1850)

又称冠鳞单棘鲀，俗名剥皮鱼、鹿角鱼、沙猛鱼、曳丝单棘鲀。其体侧花纹随环境和鱼的情绪而变化，体呈菱形状，侧扁，体长20 cm左右。第1鳍呈刺状，位于眼睛后上部。皮硬，体被绒毛状鱼鳞。主要分布于东海，栖息于沿岸礁石间，以海底沙蚕和小蟹为食。肉质佳，适宜煮汤食之。日本已有人工养殖，经济价值高。

门	脊索动物门	Chordata
纲	辐鳍鱼纲	Actinopterygii
目	鲀形目	Tetraodontiformes
科	单角鲀科	Monacanthidae
属	细鳞鲀属	*Stephanolepis*

中华小公鱼

Stolephorus chinensis (Günther, 1880)

门	脊索动物门	Chordata
纲	辐鳍鱼纲	Actinopterygii
目	鲱形目	Clupeiformes
科	鳀科	Engraulidae
属	小公鱼属	*Stolephorus*

俗称公鱼、江鱼。体形长而侧扁，背部至尾柄较平直，腹部稍突出，略呈弧形，头部眼上侧至吻部向下斜，下颌比上颌较长而突出。眼圆大，约占1/3。背鳍在背上侧的最高处，胸鳍在鳃盖下方，近腹部下缘。腹鳍近肛门，尾鳍圆。体白色而半透明，体面被细小圆鳞，呈覆瓦状排列。中华小公鱼主要分布于上海长江口以南至广东沿海。中华小公鱼为暖温性中上层小型鱼类，栖息于近海一带，以浮游桡足类、毛虾和七星鱼等为食。中华小公鱼是一类高蛋白、低脂肪含量的经济食用鱼类，在我国沿海地区产量丰富，近年来已经超越鳀鱼成为我国海域内的优势鱼种。

银鲈

Bidyanus bidyanus (Mitchell, 1838)

体呈卵圆形或稍延长，侧扁，侧线完全，口小唇薄，可自由伸缩，体色一般呈银灰色，被薄圆鳞，鳞片中等或较大，鳞片极易脱落。背鳍及臀鳍基底具一低而薄的鳞鞘。侧线完全，背鳍鳍棘部与鳍条部相连，背鳍棘细而尖锐。国外分布于印度、印度尼西亚、菲律宾。在我国主要分布于南海广东沿海一带，以及东海南部。银鲈为广温、广盐性鱼类，常聚集于近岸浅水域沙泥底质上部，主要以浮游动物和浅滩、沙泥中的底栖生物为食。银鲈体内脂肪充积营养丰富，肉质口感极好，令人回味无穷；鱼胶含量丰富、有益于人体抗老化及提升免疫力，具有很高的经济价值，是人们急需保护和管理的重要渔业资源。

门	脊索动物门 Chordata
纲	辐鳍鱼纲 Actinopterygii
目	鲈形目 Perciformes
科	蟾科 Terapontidae
属	银鲈属 *Bidyanus*

松鲷

Lobotes surinamensis (Bloch, 1790)

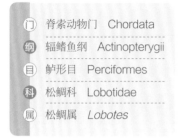

门	脊索动物门	Chordata
纲	辐鳍鱼纲	Actinopterygii
目	鲈形目	Perciformes
科	松鲷科	Lobotidae
属	松鲷属	*Lobotes*

　　俗称打铁鲈、黑仔枣。体呈椭圆形，背缘狭窄，腹缘钝圆。头小，前背面稍凹下。眼小，位前。口中等大，向上倾斜，上颌骨后端达眼中部下方。两颌齿细小，呈绒毛带状。前鳃盖骨后缘具强锯齿。体被栉鳞，头部除吻端外皆被鳞，侧线完全。背鳍鳍棘部与鳍条部相连。胸鳍较小。腹鳍位于胸鳍基后下方。尾鳍圆形。全体棕褐色，各鳍黑色。松鲷分布于太平洋、印度洋和大西洋的温、热带海域。在我国沿海均有分布，主要分布在东海和南海。松鲷为温带、热带浅海鱼类，栖息于岩礁海区底层，喜欢混浊水域及阴天气候。肉食性，主要以小鱼、小虾及其他甲壳类动物为食。

短吻鲾

Leiognathus brevirostris (Valenciennes, 1835)

俗称小鞍斑鲾、金钱仔。体呈长卵圆形,侧扁。眼大,吻部能向前、向下伸出。口小,水平状。头部与胸部均无鳞,身体被小圆鳞。侧线稍弯,至尾柄呈平直状,达尾鳍基部。头部后方具黑斑,背部浅灰蓝色,带有稀疏淡黄色斑纹,腹银色,项部有一蓝色鞍状斑。短吻鲾生活于热带海域,国外分布于印度洋—太平洋海域,包括印度、泰国、马来西亚、越南、日本等地海域。在我国分布于南海与东海,喜好沙泥底质的浅海区,对半淡咸水具忍受力,常进入河口区,属广盐性鱼类。肉食性,主要以浮游动物为食。短吻鲾味美但多刺,是小型食用鱼。

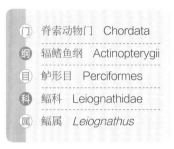

门	脊索动物门	Chordata
纲	辐鳍鱼纲	Actinopterygii
目	鲈形目	Perciformes
科	鲾科	Leiognathidae
属	鲾属	*Leiognathus*

三线矶鲈

Parapristipoma trilineatum (Thunberg, 1793)

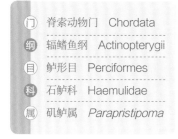

门	脊索动物门	Chordata
纲	辐鳍鱼纲	Actinopterygii
目	鲈形目	Perciformes
科	石鲈科	Haemulidae
属	矶鲈属	*Parapristipoma*

俗称黄鸡仔、鸡仔鱼、三爪仔。体延长侧扁，唇薄，眶间骨窄，鳃耙细长；体被细小栉鳞，背鳍、臀鳍及尾鳍上被细鳞。侧线完全。体银白色，体上半部有三条宽的黑褐色纵带，于幼鱼时尤其明显，成鱼则较淡或不明显。背鳍连续，中间无缺刻；尾鳍后缘深凹入。三线矶鲈为亚热带鱼类，分布于西北太平洋海域。在我国分布于南海和东海。三线矶鲈喜欢密集成群巡游于珊瑚礁区外围之水层中，以人工鱼礁或独立礁区最常见。肉食性，以动物性浮游生物、小型鱼类和甲壳类为食。是中型的食用鱼，以鱼体有光泽、鳃丝鲜红、肌肉有弹性者为鲜品。

突吻鯻

Rhynchopelates oxyrhynchus (Temminck & Schlegel, 1842)

俗称唱歌婆、斑猪、金苍蝇。体延长，椭圆形，侧扁，背面和腹面圆钝；头部背缘平斜，无骨质线纹。吻尖，大于眼径。眼中大，小于眼间隔，上侧位。鼻孔每侧2个，位于眼前上方，前鼻孔圆形，具鼻瓣，后鼻孔椭圆形。眶前骨边缘具细锯齿。口小，前位。上颌稍长于下颌。上下颌牙细小，呈带状排列，外行牙较大。在我国分布于福建、广东和台湾等沿海地区。突吻鯻为热带、亚热带近岸暖水性近底层鱼类。适盐性广，也可生活于河口水域，或进入江河，喜栖于泥沙底质和岩礁附近。主要摄食虾、蟹等底栖动物和小鱼。具昼夜垂直移动习性，白天栖息于水体下层，夜间活动于水体中上层。

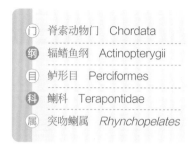

门	脊索动物门	Chordata
纲	辐鳍鱼纲	Actinopterygii
目	鲈形目	Perciformes
科	鯻科	Terapontidae
属	突吻鯻属	*Rhynchopelates*

鹿斑仰口鲾
Secutor ruconius (Hamilton, 1822)

门	脊索动物门	Chordata
纲	辐鳍鱼纲	Actinopterygii
目	鲈形目	Perciformes
科	鲾科	Leiognathidae
属	仰口鲾属	*Secutor*

　　俗称金钱仔。体卵圆形而侧扁，腹部之轮廓较背部为凸。眼上缘具二鼻后棘。口极小，可向前上方伸出；上下颌仅一列细小齿；下颌轮廓几垂直；吻尖突。眶间隔深凹入。体背灰色，体侧银白色。体背约具10条连续的暗色垂直横带。鹿斑仰口鲾主要分布于印度洋—西太平洋海域，在我国常见于福建和台湾等地沿岸水域。鹿斑仰口鲾属于热带、亚热带近海暖水性近底层鱼类。主要栖息于沙泥底质近岸海区及河口区。群游性，一般皆在底层活动，活动深度较浅。鹿斑仰口鲾属于小型热带沿岸肉食性鱼类，以浮游动物，如幼生期的桡足类、大型甲壳类及稚鱼为食。

紫斑舌鳎

Cynoglossus purpureomaculatus Regan, 1905

体长舌形，极侧扁；两眼均位于左侧。口小，下位，口裂弧形；眼侧无齿，盲侧具细小绒毛状齿；锄骨与颚骨无齿。鼻孔2个。眼侧唇缘无穗状物。鳃膜与峡部分离。两侧皆被强栉鳞；仅眼侧具侧线3条。背鳍、臀鳍与尾鳍相连；无胸鳍；腹鳍与臀鳍相连；尾鳍尖形。眼侧黄褐色，鳍亦为黄色，有些具黑褐色小点；盲侧白色，常具不规则之褐色斑，鳍淡黄色。紫斑舌鳎在我国分布于南海、东海。栖息于近海大陆棚泥沙底质海域，以底栖之无脊椎动物为食。

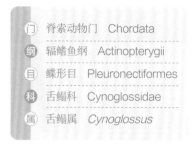

门	脊索动物门	Chordata
纲	辐鳍鱼纲	Actinopterygii
目	鲽形目	Pleuronectiformes
科	舌鳎科	Cynoglossidae
属	舌鳎属	*Cynoglossus*

［1］ Ahyong Shane T., Chan Tin-Yam, and Liao Yun-Chin. A catalog of the mantis shrimps （Stomatopoda）of Taiwan [M]. Keelung: National Taiwan Ocean University Press, 2008.

［2］ Chu Yanling, Gong Lin, Li Xinzheng. Leucosolenia qingdaoensis sp. nov.（Porifera, Calcarea, Calcaronea, Leucosolenida, Leucosoleniidae), a new species from China [J]. ZooKeys, 2020.

［3］ 陈惠莲，孙海宝. 中国动物志：无脊椎动物 [M]. 北京：科学出版社，2002.

［4］ 崔冬玲. 中国海鼓虾属（Alpheus Fabricius，1798）的分类学研究 [D]. 中国科学院海洋研究所，2015.

［5］ 戴爱云，杨思谅，宋玉枝，等. 中国海洋蟹类 [M]. 北京：海洋出版社，1986.

［6］ 高尚武，洪惠馨，张士美. 中国动物志：无脊椎动物 [M]. 北京：科学出版社，2002.

［7］ 龚琳，李新正. 黄海一种寄居蟹海绵宽皮海绵的记述 [J]. 广西科学，2015，5（3）：564-567.

［8］ 龚琳. 中国东南沿岸山海绵属分类学研究 [D]. 厦门大学，2013.

［9］ 韩源源. 中国海陆生寄居蟹科和寄居蟹科（甲壳动物亚门：异尾下目）的系统分类学研究 [D]. 山西师范大学，2017.

［10］ 黄宗国. 中国海洋生物种类与分布 [M]. 北京：海洋出版社，1994.

［11］ 姜启昊. 中国海域猬虾下目的系统分类学和动物地理学研究 [D]. 中国科学院海洋研究所，2014.

［12］ 李宝泉，李新正，陈琳琳，等. 中国海岸带大型底栖动物资源 [M]. 北京：科学出版社，2019.

［13］ 李荣冠. 中国海陆架及邻近海域大型底栖生物 [M]. 北京：海洋出版社，2003.

［14］ 李新正. 我国海洋大型底栖生物多样性研究及展望：以黄海为例 [J]. 生物多样性，2011，19（6）：676-684.

［15］ 李新正，刘录三，李宝泉，等. 中国海洋大型底栖生物：研究与实践 [M]. 北京：海洋出版社，2010.

［16］ 李新正，刘瑞玉，梁象秋. 中国动物志：无脊椎动物 [M]. 北京：科学出版社，2007.

［17］ 李新正，王洪法，王少青，等. 胶州湾大型底栖生物鉴定图谱 [M]. 北京：科学出版社，2016.

［18］ 李阳. 中国海海葵目（刺胞动物门：珊瑚虫纲）种类组成与区系特点研究 [D]. 中国科学院海洋研究所，2013.

［19］ 李宗轩.澎湖南方海域寻常海绵纲生物多样性致初探 [D].国立中山大学，2013.

［20］ 廖玉麟.中国动物志：棘皮动物门 [M].北京：科学出版社，1997.

［21］ 廖玉麟.中国动物志：无脊椎动物 [M].北京：科学出版社，2004.

［22］ 刘瑞玉.中国海洋生物名录 [M].北京：科学出版社，2008.

［23］ 刘瑞玉，任先秋.中国动物志：无脊椎动物 [M].北京：科学出版社，2007.

［24］ 刘伟.中国海砂海星科（棘皮动物门：海星纲）系统分类学研究 [D].中国科学院海洋研究所，2006.

［25］ 刘文亮，严莹.常见海滨动物野外识别手册 [M].重庆：重庆大学出版社，2018.

［26］ 欧徽龙，王德祥，陈军，等.2种海绵移植块周年生长的观测 [J].厦门大学学报（自然科学版），2016，55（5）：654-660.

［27］ 裴祖南.中国动物志：腔肠动物门 [M].北京：科学出版社，1998.

［28］ 齐钟彦，马绣同，王祯瑞，等.黄渤海的软体动物 [M].北京：农业出版社，1989.

［29］ 宋海棠，俞存根，薛利建，等.东海经济虾蟹类 [M].北京：海洋出版社，2006.

［30］ 孙松.中国区域海洋学——生物海洋学 [M].北京：海洋出版社，2012.

［31］ 汪宝永，钱周兴，董聿茂.中国近海蝉虾科 Scyllaridae 的研究（甲壳纲十足目）[J].厦门大学学报（自然科学版），1998，5（3）：135-145.

［32］ 王祯瑞.中国动物志：无脊椎动物 [M].北京：科学出版社，2002.

［33］ 魏崇德，陈永寿.浙江动物志甲壳类 [M].杭州：浙江科学技术出版社，1991.

［34］ 肖丽婵.中国海活额寄居蟹科（Diogenidae）系统分类学研究 [D].中国科学院海洋研究所，2013.

［35］ 肖宁.中国海域角海星科和棘海星科分类及地理分布特点 [D].中国科学院海洋研究所，2012.

［36］ 徐凤山.中国动物志：无脊椎动物 [M].北京：科学出版社，2012.

［37］ 徐凤山，张素萍.中国海产双壳类图志 [M].北京：科学出版社，2008.

［38］ 许鹏.中国海域藻虾科系统分类学和动物地理学研究 [D].中国科学院大学，2014.

［39］ 杨德渐，孙瑞平.中国近海多毛环节动物 [M].北京：农业出版社，1988.

［40］ 杨思谅，陈惠莲，戴爱云.中国动物志：无脊椎动物 [M].北京：科学出版社，2012.

［41］ 由香莉.黄、东海海胆分类学研究 [D].中国科学院海洋研究所，2003.

本卷最初设计的框架与《黄渤海卷》一致，概论中包含了主要生境类型、海洋生态系统服务与功能、海洋生物多样性研究、海洋生物多样性面临的威胁及海洋环境和生物多样性保护等章节和内容。但在编写过程中，我们发现，东海除主要生境类型与黄渤海有所不同以外，其他内容很多与《黄渤海卷》有重复。为有效利用有限的篇幅向读者呈现更多的内容，我们多次组织编者研究讨论，将很多内容与《黄渤海卷》整合，两卷中各有侧重，不出现重复内容，本卷概述中只保留主要生境类型的内容。

中国沿海的许多常见物种在黄渤海及东海均有分布，为避免与《黄渤海卷》中物种的重复，我们把在东海广泛分布的物种放在本卷中介绍。本卷介绍的物种多为东海的常见种及重要的经济种，也包含多个中国的特有种。

与《黄渤海卷》类似，本书是参编者数十年的成果积累及图片收藏。本书物种的拉丁名主要依据"World Register of Marine Species"（WoRMS）网站，中文名主要依据《中国海洋生物名录》、多卷涉及《中国动物志》及多卷《中国海藻志》等著作。

我们真诚希望，本卷的出版能为我国海洋环境保护和生态修复提供科学支撑，能让公众对海洋生物的认知进一步提高，对海洋生物多样性的保护意识进一步增强，形成良好的环境保护和生态保护的社会风气。

李新正　　　　隋吉星

于青岛
2023年12月

图书在版编目（CIP）数据

中国生态博物丛书. 东海卷 / 管开云总主编；李新
正，隋吉星主编. — 北京：北京出版社，2024.6
ISBN 978-7-200-16136-6

Ⅰ. ①中… Ⅱ. ①管… ②李… ③隋… Ⅲ. ①博物学
— 中国②东海 — 博物学 Ⅳ. ① N912

中国版本图书馆 CIP 数据核字 (2021) 第 014536 号

策　　划	李清霞　刘　可	
项目负责	刘　可　杨晓瑞	
责任编辑	杨晓瑞	
责任印制	燕雨萌	
LOGO 设计	曾孝濂	
封面设计	品欣工作室	
内文排版	品欣工作室	

中国生态博物丛书　东海卷
ZHONGGUO SHENGTAI BOWU CONGSHU　DONG HAI JUAN

管开云　总主编　李新正　隋吉星　主　编

出　　版	北京出版集团
	北 京 出 版 社
地　　址	北京北三环中路 6 号
邮　　编	100120
网　　址	www.bph.com.cn
总 发 行	北京出版集团
经　　销	新华书店
印　　刷	北京华联印刷有限公司
版　　次	2024 年 6 月第 1 版
印　　次	2024 年 6 月第 1 次印刷
成品尺寸	210 毫米 × 285 毫米
印　　张	21.5
字　　数	500 千字
书　　号	ISBN 978-7-200-16136-6
定　　价	498.00 元

如有印装质量问题，由本社负责调换
质量监督电话　010 – 58572393
责任编辑电话　010 – 58572568